市民環境科学の実践

東京・野川の水系運動

ATT流域研究所 編

まえがき

書物を編むのは、どこか糸を紡ぎ、布を織る作業に似ていないだろうか。繭《まゆ》を糸撚車《いとよりくるま》にかけて糸を引き出すように、〝命の結晶〟から新しい生命を誕生させる営為なのかも知れない。

あの小さな白い繭は、蚕《かいこ》が五回も脱皮をして作り上げた命の証である。身を削って作った繭玉だからこそ、絹に妖しく美しい光沢が醸し出されるのだろう。

この小著は、多摩川水系・野川をモデルに、環境ＮＧＯの活動を実践してきた方々、一〇人の論考（記録）と、宇井純先生の特別寄稿が収録されている。

いずれも、〝象牙の塔〟の研究室で作られた「官（公）の科学」ではない。市民とともに、繰り返し現場に立って得た知見を大事にして、市民環境科学が紡ぎ出されている。
「野川を清流に」、「水辺の空間を市民の手に」、「都市に泉を」と願う市民の旺盛なエネルギーが〝桑の葉〟となり、いくつもの繭を生んだ。

布は縦糸と横糸で織り上げられる。この本も、三〇数年の歳月（縦糸）と、横に手を取りあった多くの市民のネットワーク（横糸）を織り合わせて編んでいる。

絹の光沢は無理としても、地域に生きる市民の普段着として、活用してほしい。

主婦吾に縁遠かりしかたかなの　化学用語に強くなりけり
野の川に悪魔のごとき口あきぬ　吾等が願いけりたるままに
住民運動に得たる心を老人の　指圧奉仕に生かす此の頃

これらの短歌を詠まれたのは、高橋スズエさんである。
丸井英弘弁護士執筆の「公共工事をめぐる住民運動——地盤凝固剤汚染の差止を求めて」に収録（一二九頁）するご報告に、高橋さん宅をお訪ねしたが、四年前に逝去されたという。住民運動の戦列におられた故人を、遺された短歌で偲ぶほかない。

記録は時空を越えた〝命の結晶〟といえる。

本書にご芳名を記した市川房枝（元参議院議員）、鵜飼信成（元国際基督教大学学長）、大岡昇平（作家）、戒能通孝（元東京都公害研究所所長）氏など、ご指導を頂いた先生方も、すでに鬼籍に入られている。

水の絆——湧くが如く、野川の水系運動で出会った人々に連帯の思いをささげ、この市民活動の記録作成に助成してくださったトヨタ財団に感謝したい。

矢間　秀次郎

市民環境科学の実践——東京・野川の水系運動

▼目次

特別寄稿

カバー・デザイン／岡田恵子

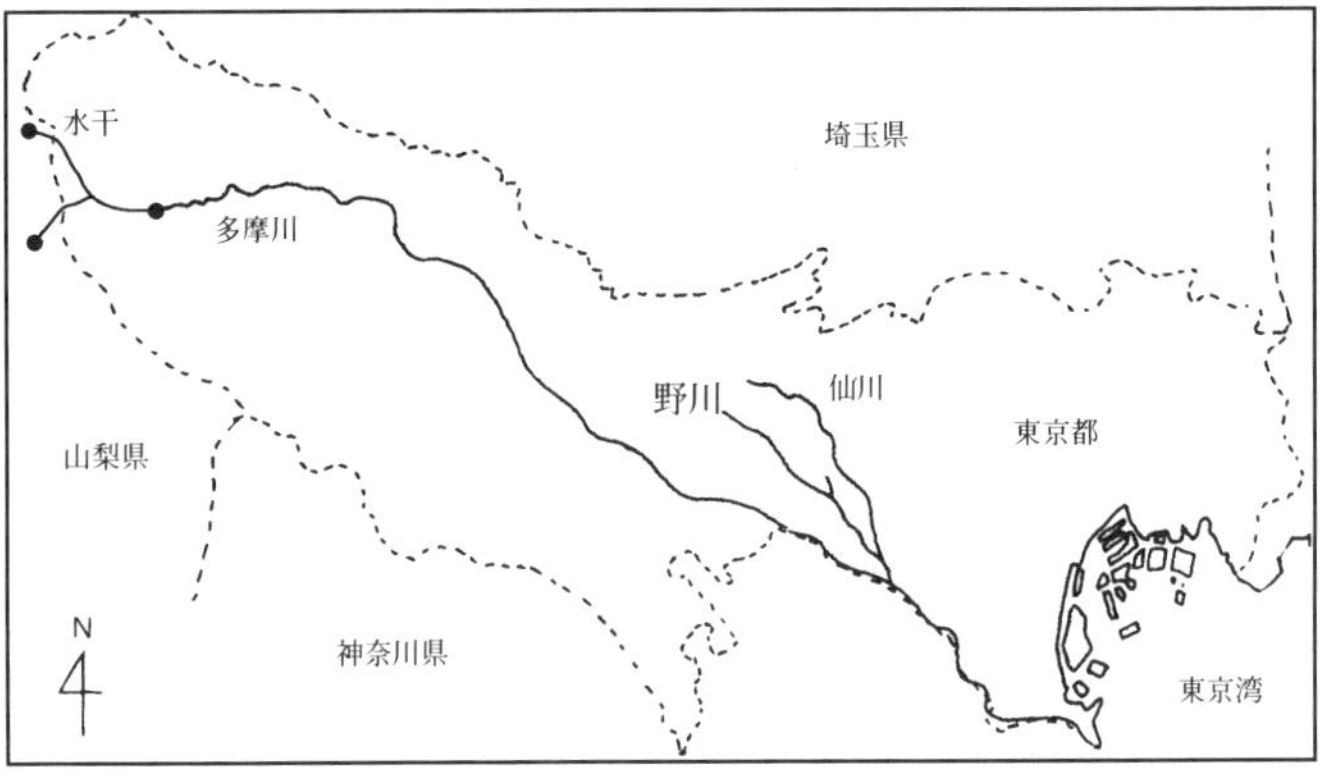
水干
埼玉県
多摩川
野川
仙川
東京都
山梨県
N
神奈川県
東京湾

水の絆・・・湧くが如く

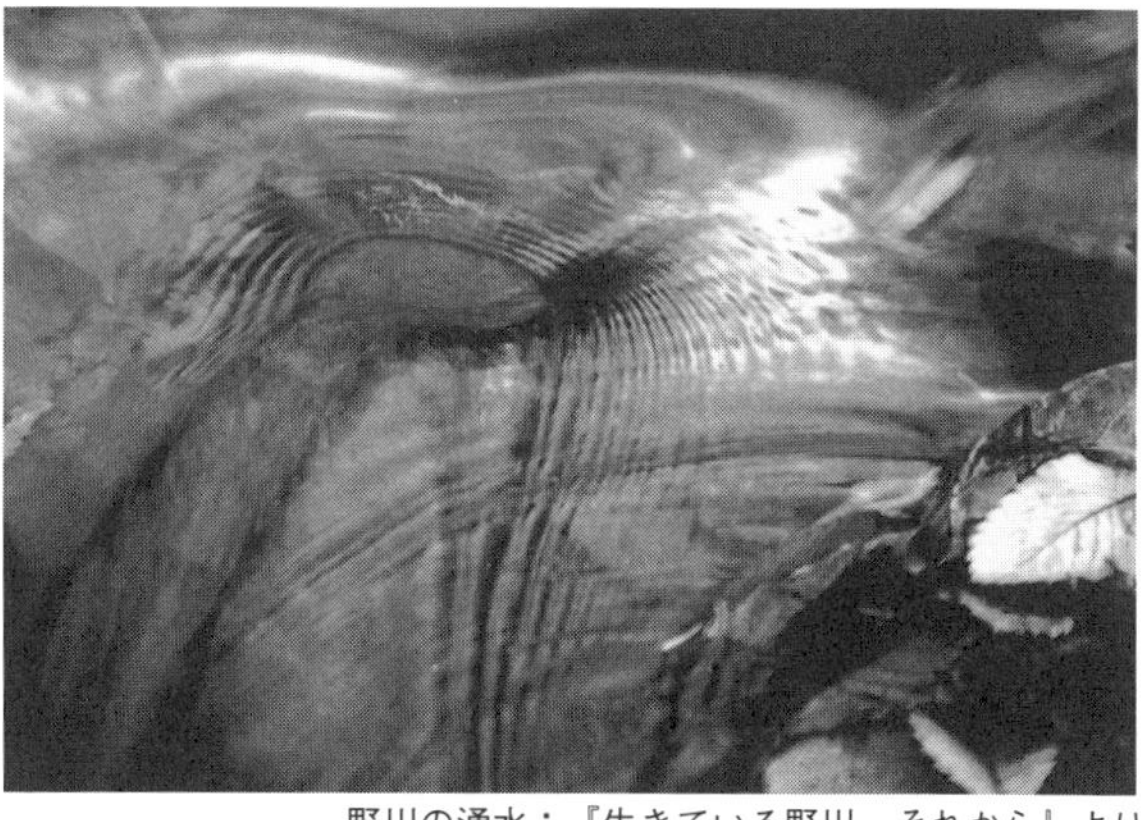

野川の湧水：『生きている野川　それから』より

「水系の思想」で環境ＮＧＯを展開

――三多摩問題調査研究会の軌跡

矢間　秀次郎

一、「市民環境科学」のこころみ

(1) 名付けに込めた初志

いかめしい名称の会である。かまえた堅苦しさが「三多摩問題調査研究会」という字面に漂うらしい。しかし、お付き合いを始めると、たいていの方々の呼称が「三多摩研」や「野川を生き返らせるグループ」に変わる。「名は体をあらわす」というが、例外のひとつと認めてくれたのだろうか。

本会が創立された一九七二（昭和四七）年は、ストックホルムで国連人間環境会議が開かれ、翌一九七三年にアメリカでは国際自然保護連盟（ＩＵＣＮ）が発足した。

国内でも一九七一年、環境庁が発足。その前年の〃公害国会〃のあおりをうけ、反公害の住民運動や自然保護の市民運動の誕生を促す〃空気〃が全国を包んだ。全国的に「○○を守る会」、「□□反対同盟」、「△△を愛する会」など、多様な名称の組織（環境NGO）が産声を上げている。

だが、三〇数年経った今、どれだけの組織が活動をつづけているだろう。本会も一九九三（平成五）年三月、発展的に解消し、新しい衣装をまとって、「ATT流域研究所」で再スタートしているが……。

膨《ふく》らみもすれば、萎《ちぢ》みもするのが〃空気〃である。他団体との情報交流で、機関誌『野川を清流に』の郵送をしていたが、「宛先不明」の返戻処理をしてきた実感からすれば、生き残った〃老舗〃は四〇％をきるのではなかろうか。

あの同時代にあって、なぜ他の組織と少しばかり味の違う堅苦しい名称にこだわったのか――その理由を説き明かすのが序章にふさわしい。

(2) 市民の歴史がこだまする川

フィールドは、たしかに小さな野川（多摩川水系の支流・延長二一キロメートル）に過ぎない。典型的な都市河川である。なぜ広域的な「三多摩問題」になるのか、発足当時も、不思議に思う人が多かったと記憶する。内部でも、もっと親しみやすいものにと議論したが、つぎのような視点から決定をみた経緯がある。

①広い涵養域をもつ湧水の復活

河川改修の拡幅に反対する住民運動から川底を深くして暗渠にと、陳情があったくらい〝暴れ川〟として疎まれていた。しかし、都市の矛盾にフタかけして、自然を闇に葬ってよいか。

かろうじて有る源頭水としての湧水を復活すれば、「水辺の空間を市民の手に」取り戻せるのではないか。地下水は、行政区画をこえてかなり遠くの涵養域につながっており、貫流する自治体だけでは、湧水を復活するにも限界がある。

②「水系の思想」を展開

〝死の川〟として葬られようとしているが、下水放水路としての重い負担を強いられたからに他ならない。タレ流しが減少する午前六時過ぎには川霧が立ちこめ、川面に魚影がかいま見える。どっこい野川は生きている。後にレンズを通して、これを実証したのが鍔山英次さんの『写真譜・生きている野川』（創林社刊）である。本書の「川霧は消えず——ひとつの単眼的思考」（五一頁）は、〝湧水よ、永遠であれ〟との祈りであろう。

だが、一九六三年ごろまでいたアユやウナギが、とんと姿を見せないのはなぜだろう。環境破壊が進行し、海からの回路に障害が生じたのではないか。画一的な公の水系一貫の原理に換えて、源流から河口の海までを水系一環の原理でとらえ直し、「水系の思想」を具現する道を探る。

③グローバルな総合的視座

多摩川の本流は山梨県塩山市の笠取山に源をもつ。三多摩地区を貫流する、延長一三八キロメートルの水の旅をみれば、支流を含め良くも悪くも地域共同体（当時、二六市五町一村、人口二九一万人）の全ての実相を映す。川は〃社会の鏡〃なのだ。

会則第二条（目的）は、「本会は、市民みずからが、地域の自立と発展をめざし、環境、教育、福祉、自治体等の調査・研究・運動を行う」と記す。グローバルに総合的な視座をすえての理念である。しかし、「国際」や「日本」、「関東」などといった大風呂敷をひろげず、等身大の三多摩にこだわっている。なぜだろうか。

自立した地域共同体の構築をめざす、ひとつの潮流——〃地域主義〃の影響があったろう。当時、三多摩を東京都から分立させる法的研究を当会メンバーで進めた記録（朝日新聞一九七五年三月一九日朝刊「東京の市長——飛躍・カギは多摩格差解消」座談会）がある。

水は市民の中を流れている
この流れをじっと見つめてみよう——こうした素朴な姿勢から
「水系の思想」が浮かびあがる
野川の濁りは、多摩川を汚し、東京湾を死の海にする
そっと水の音に耳を傾けてみよう
そこには市民の歴史がこだましている
ひとびとの叫びがきこえてくる…
（本会の処女出版・一九七三年刊『水辺の空間を市民の手に——水系の思想と人間環境』序文より）

(3) 創造的な批判精神の持続

偉そうな「調査研究会」という冠が本会の名称に付いているのはなぜか。これはミニシンクタンクを志したというよりも、必要に迫られたという方が正確である。

当時、いわゆる専門家や行政の窓口に環境に関する問題を解決しようと働きかけても、「素人が何をするの？」といぶかられる始末。声高にいわれた「住民参加」は、スローガンの域を出ていなかったといえる。

まず、実態を知ろうとしても、綺麗なパンフレットを渡して貰える程度、「どこに責任があり、今後、どうなっていくのか」を明記した情報を市民が手にするのは、容易ではなかった。執拗に迫ったとしても、タライ回しにされかねない。

素人なりに、「市民環境科学」を模索しつつ、調査・研究をする必要があった。バックデータを備えて、行動していかないと、足をすくわれる。「市民環境科学」は、護身のための武器であったともいえるだろう。

調査・研究をベースにした活動が主であれば、タメにするのとは異なり、客観性がある。私のような現職の公務員や研究者も参加しやすい。さらに調査・研究のプロセスを公開し、参加を促して、常に創造的な批判精神を持続的に内包したならば、環境を破壊する側の核心に迫り得るのではないか――素人の科学を築こうとするには、やや高揚した気負いがあり過ぎるかもしれない。〝若さ〟故の強靭な息吹であったと、いま思い返す。

「われこの道をゆく」というほどの信念があったわけではない。しかし、二〇年余の継続の中で、実効の確かさを示す例証はいくつもある。小倉紀雄さん（東京農工大学農学部教授、環境・資源学科）は、『水質調査法』丸善刊、『調べる・身近な水』講談社刊などの著作をもつ水環境の代表的な研究者の一人だが、会員になった心境を、つぎのように記している。

「多くの自然保護団体のなかで、三多摩問題調査研究会は、私が加わっているただ一つの団体です。研究会に加わることで、私もたいへん勉強になり、また大学で得られた研究の成果を市民に返すために、非常によい場であると思っているのです」（『きれいな水をとりもどすために――市民環境科学の誕生』あすなろ書房刊、一二七頁）

いつの時代も、〝若人の決起〟が歴史の山を動かす。ほろ苦い内省をこめて、自分史をからめつつ、綴っていくことにする。それは「名付けに込めた初志」を再確認する作業となるだろう。

二、手づくりの調査活動を模索

(1) 変貌する河川環境

私が杉並区から小金井市に引越してきたのは、一九六七（昭和四二）年である。当時、都市のスプロール化が進行し、緑被率も五〇％をきろうとしていたが、まだ野川のほとりに水田が広がっていた。

汚濁が進む野川を用水として、ふんばっていた農家のSさんが、「供出してるけど、こんなドブ川で味が悪いし、自分は配給米をたべてるよ」と、漏らした無念の表情を思い起す。

これが名作『武蔵野夫人』（大岡昇平著・一九五〇年発表）の舞台になった、あの野川なのか――確かに野川への畦道には、ユスリカが飛び交い、ドブのような悪臭が鼻をついた。イトミミズの恋を育むとしても、野川の源流・恋ケ窪で、恋の予感におののくヒロイン道子や戦地から復員してきた勉には耐えられまい。

やがて野川の水を使う田んぼは、都が公園や河川の遊水池の用地として買収、はけの道ぞいに一九七一（昭和四六）年、「小金井水田跡」の碑が建立された。

碑の前文に、「人と生活と水は、いつどこでも深い関係があったことは証明されているが、この近くでも崖下から各地に湧水がみられ、七、八世紀の頃には人が住んでおり、上流から野川沿いには帯状に水田が開拓された……」と記す。新田開発の歴史を年代順に刻んで、「永年吾々の祖先が困難とたたかいながら開拓し稲作りに努力してきたが、昭和四五年を最後に五ヘクタールの水田もその姿を消すことになった」と、結んでいる。

この碑文の前に佇む私の脳裏に、――野川と運命を共にしてきた農民にさえ、見放されてしまった川、否、人間どもを見放した川にどのような未来があるのだろう――そんな思いが去来した。が、「文学散歩」の域を出ず、直ぐには、なんの行動も起こせなかった。

公務に追われながら、地域では毎週火曜日の夜、小金井司法研究会（法曹をめざす市民ゼミナール。今も健在で、創立以来、一〇七人の法曹を輩出）へ通うのが精一杯の〝定時制市民〟に属していたからであろうか。

(2) だれのためのスローガンか

だれにも不断に「転」と「機」は訪れる。これらを結び〝人生の転機〟とするには、川底を転がっていくさざれが淵を刻み、やがて流れを転ずるように心の川の長い伏流がいるのかもしれない。

もう三十路にかかろうとしていた一九七二年六月、小金井司法研究会創立二周年を記念するパネル討論会で、実行委員を務めた。字幕に、「住みよい地域社会をめざして――市民の〝知る権利〟と地域情報」とある。

参加した司法修習生の丸井英弘さん（現在、弁護士）から、「だれにとって住みよいのか」という素朴な問いがあり、一瞬、私自身、回答に窮したのをわすれることができない。即刻、「みんなが…」と、応答しようとしたが、ノドもとでその言葉を押えざるを得なかった。ひとりの市民として、「住みよい地域社会」への小さな実践さえない自分にたじろいだのである。明確な主体が形成されないままの美辞麗句は、スローガンとしても弱い。声高に唱えても虚しく拡散していく。

「本会は、法曹を志す者で構成され、市民としての責務を自覚して、地域民主主義の確立に努める」（第二条・目的）と小金井司法研究会の会則にある。後の仙川分水路工事差止仮処分事件（一九七七年）で、丸井英弘さんは被害者の原告側に立って〝赤ひげ〟弁護士として活躍、その一端が「公共工事をめぐる住民運動――地盤凝固剤汚染の差止を求めて」と題し、本書に収録（一二九頁）されている。

まず、野川を再生させる活動計画をつくり、このパネル討論会に参加した人々によびかけてみよう――こんな思いが心の川の底から湧きあがって、渦を巻きはじめた……。

その頃、橋のたもとに、河川改修の都市計画事業決定を知らせる建設大臣告示の白い立て札が都により掲げられていた。汚濁の川を拡幅し、三面コンクリートにして、速く海へ流してしまおうとする計画ときく。この河川改修による拡幅で、立退きを迫られる住民は「絶対反対」を唱え、赤ペンキの大きな看板を川筋に立てていた。

「野川をよみがえらせる」と、意気込んだものの、河川の素人が一人で考えたに過ぎない。ドロドロした社会の矛盾を一身に背負わされた汚濁のせせらぎをじっと見つめ、「この水は、どこからいずこへ流れていくのか」と想いをめぐらす。〝死の川〟にしてしまったのは、われわれ人間の責任が重いとして、はたして川はだれのものだろうか。

どう市民運動をすすめれば、野川を清流によみがえらせ、水辺の空間を市民の手に取り戻せるのか――その方法などがよくわからない。暗中模索の旅立ちであった…。

自ら選んだ転機とはいえ、渦中での心境はどんなものであったろうか。後に『都市に泉を——水辺環境の復活』（ＮＨＫブックス、一九八七年刊、二〇三頁）に寄稿した小文を引く。「あの母なる多摩川の源流をたどれば、枯れ葉の間から岩清水がポツリ、ポツリとしずくを落としている。この一滴のしずくから濤濤たる流れになっていく川のありさまを見ていると、問題の所在をつかんだ一人が、まず行動するということに一縷の希望を抱く」。けっして、問題の所在をつかんでいたわけではない。歳月からくる風化作用で錆び、曖昧な表現になっている。サンドペーパーで錆をこすってみると、「問題の所在をつかもうとした一人」が浮き彫りになった。

そんな素人の「野川をよみがえらせよう」との提案に、直ぐに七人の若人（平均年齢二四歳）が賛同した。さすがに「住みよい地域社会をめざして」集った仲間たちである。小さな源頭の渦巻く流れが奔流となるのに、そう日数はかからなかった。

行動するといっても、現場をくり返し歩く野川流域の実踏調査しかできない。それでも、きれいな湧水に誘われて、会員が少しずつ増え、流域を歩きながら、「分からないこと」がつぎつぎと湧く。分かったようなふりをして通り過ぎてはならない。どうも合点がいかない、なぜなのか力を合わせ調べてみよう——こんな素朴な姿勢から市民環境科学は誕生した。

この年にもうひとつの転機があった。九月に東京都の管理職選考を受けたところ、なんと論文の出題テーマが「行政における情報管理と住民の知る権利」。パネル討論会でのエッセンスを盛り込んで執筆した。その甲斐あってか合格。一二月には広報室から東京都公害研究所（戒能通孝所長）の庶務係長として異動した。

▲夏季合宿、狭山青年の家にて、前列左端が筆者（1973年）

戒能所長は、『公害と東京都』（一九七〇年刊）の中で、東京都公害防止条例を空文化させないために、都職員は「伝道者であり、殉教者でなければならない」と訴えていた。都民が科学に渇くほどの真実追求の精神をもつならば、公害を除去し、「人間としての独立・自由・尊厳を確保するくらいのことは、必ずできる」とも主張された。

そのためには、

①事実に対して誠実であること。

②科学に対して謙虚であること。

この二つの条件を満す必要があると力説する戒能所長の謦咳《けいがい》にふれ、青空に抜けるように、ある〝ふんぎり〟がついた。私のような小心者が管理職になったあとも、「公」を背負いつつ、「民」の中にもまれつづけてこれた、ひとつの理由がひそんでいる。

「島も数々ある」

こんな言葉を筆者に発した所属局長のゴルフ焼けした顔が、今も鮮かに浮ぶ。

仙川分水路事件の被害者住民が、副知事への工事中止要請行動をするのに、職制へ休暇届を出してから、〝一人の市民〟として同行した。また、都建設局長との深夜に及ぶ住民交渉にも、環境ＮＧＯのメンバーとして、幾度か同席したことを伝え聞いて逆鱗に触れたらしい。

一瞬、〈小笠原諸島、八丈島などの遠島へ配転されたら、情報は途絶されるだろう。高齢の両親もいるし…〉、そんな思いが去来した。今日のようにパソコンでのＥメールやファックスが普及していない時代状況であったからである。

「局長、まず行政マンが住民の中に入っていかないと、知事が言う〝住民参加〟も実現しないと考えての行動です」と、微笑んで返答した。

後日、「島流しで恫喝しても、効き目がない。煮ても焼いても食えない奴だ」との伝聞があり、局長の度量であったろうか。微笑の底に、〈必ずや歴史が審判する〉という信念があったことを忖度《そんたく》したかどうか、まだ確かめていない。

(3) 世論調査を実施

小さな野川も、支流とはいえ一級河川である。川を「公」に属するとした河川法が適用される。私人がかってに所有を主張し得るのは「よどみに浮かぶうたかた」くらい、何をするにしても、お上（行政）をとおさなければならない。

私人が善意をこめたとしても、「物好きな人」と扱われ、行政施策へのアンチテーゼを含めば、「素人のくせに、うるさい人」となりかねない。こうした当時の実感的な状況に照らし、市民運動として「アンチテーゼを掲げ、善意を生かす道」は険しい。おぼろげな記憶を要約すれば、つぎの二つのコンセンサスが議論の果てに、生まれたのではなかったか。

第一に市民パワーを喚起する世論形成が大切で、これが「公」に通ずる自治体を動かす。そのためには客観的なデータをもとに市民自らの学習運動が不可欠となる。特に情報化社会の進展の中で、権力や巨大企業等による市民への巧妙な世論操作が横行しており、市民の検証能力が問われてくる。

第二に法治国家の河川であるから、法の体系のなかにエコ・システム、水系の思想を反映させて、政策転換を導く必要がある。しかし、いかなる既成の政党ともコミットしない。政治家が個人としてメンバーになっても、組織とは一線を画する。あらゆる権威や権力にこびない。独立自尊の〝市民精神〟を旨として行動する。

今なら、「頭でっかち」の誹《そし》りを受けかねない。が、無力感とないまぜに政治や組織への不信感が若人の中にひろがりつつあった時代情況がくっきりと投影している。この影は、ときに揺らめき、濃淡の綾をメンバーの人間模様に描く。

お金も、ろくな組織もない。市民環境科学を誕生させようとする情熱だけは、あふれるばかり。まず、それを傾注したのが『野川と地域開発――市民のために安全といこいの場を』の世論調査の実施であった。

「川というものは、単に流域市民だけでなく、水という形で地下水をも含めて広範囲に市民の生活に深くかかわっている、少なくとも小金井市全域からピックアップすべきだ」との水系の思想を生かすがために、能力を越えて一五〇人の面接調査となった。

丸井英弘さんが学校警備員をしながら弁護士になったこともあって、地元の夜間職員組合へ調査員の助っ人を依頼。職業柄、昼間は自由に動けるからと、六人がボランティアで参加して下さった。社会学専攻の大学院生・平林正夫さんがコミュニティ形成に向けて調査手法の設計を担当した。

あの時点で、手づくりの調査がどのような意味をもったか、本書の「都市のあり方を探る――野川をモデルに社会調査」平林正夫さんのレポート（七四頁）に詳しい。

なぜコミュニティ形成を重視したか——後に篠原一・東京大学法学部教授から一つの示唆をえて、私たちのこころみも、あながち的はずれでなかったと安堵した。すなわち、篠原教授は、月刊『青と緑』楓出版刊、一九七三年五月号の特集・水圏の構想——人間にとって水とは何か——「水系の思想を探る」の筆者も加わった鼎談の中で、こう述べておられる。

「都市の中に自然を取り戻すという運動が、水の面で現れたのが野川の運動であって、成功すれば波及効果は極めて大きい」とし、その成否はコミュニティ形成にあるという。さらに「コミュニティは人々の運動と意識の体系ですから、そこに住む人たちが主体的に行動し、連帯しなければ川が流れていても、コミュニティはできないし、コミュニティができなければ川も綺麗にならない。これはいわば循環関係にありますね」

にわか調査員にとっては、初めて市民感覚に触れ、「コミュニティから学ぶ」機会になったようである。二〇歳の大学生で調査に従事し、後に結婚して退会したSさんの感想——「奥さんたちが多かったのですが、川をきれいにして、魚のすめる川にするという考え方が多くて、うれしくなりました。運動の手段に関して、自分は川をきれいにしてほしいが、やるのは他人ががんばってほしいという依存する傾向が強いですね。地域社会とつながった教育の必要性を強く感じているところでしたので、調査をやってみて、生きた勉強ができたと思います」（一九七三年刊『水辺の空間を市民の手に――水系の思想と人間環境』座談会「市民運動の可能性をさぐる」より）。奥さんになって久しいSさん、当時の〝依存する傾向〟は、変わったでしょうか――そう問いかけたい衝動がある。

この社会調査を契機に、各種の調査・研究を多角的にこころみ、記録を蓄積する水辺復権の水系運動となっていく。運動の担い手が従来の一部の科学者や自然愛好家、学生らによるスタイルではなく、地域に居住する多様な職業の市民である。また、保護の対象が原生林の自然や学術上貴重な動植物の保護といった遠く離れた自然ではなく、「人間の生活に密着している自然環境の保護を、運動の中心的な争点」にした。ここに〝新しい波〟をよみとった論評がある。

すなわち、この水辺復権の運動は、「住民の主体的な関与と意味付けという観点から評価される」とする。更に従来の「人間の営みを排除し、自然を手つかずのまま保護しようとする」のとは逆に、水辺に対する開かれた自由なアクセスの保障が運動の目標で、「水辺の空間を市民の手に」というスローガンが新しい「性格を的確に表現している」（一九九四年東京都立大学都市研究所刊『総合都市研究』第五四号、柏谷至著「地域住民の水辺環境認識と水辺環境の保護」）という。

今や、「水辺空間」は世界的な潮流となっている。しかし、当時、空間という概念そのものが過激に映ったらしい。暗渠、埋め立てで空間を収奪する過度な機能主義や金網、有刺鉄線で保護する手法に対する異議申し立てとして、〝解放〟の思いがこめられていたからかも知れない。

三、組織の礎を築く

(1) くりかえし現場に立つ

河川を主にした活動を展開しながら、内部に河川に関係する〝専門家〟はごく少数しかいない。自前の調査と学習をとおして、「調査なくして発言なし」の実践がこころみられた。データを「市民公開講座」や機関誌などで発表して、批判を仰ぐ。やや啓蒙主義的なスタイルが目立つものの、河川行政へ転換を迫る要素を含んだ展開が多く、現職の公務員として緊張を孕む。

特に専門外の水文学・陸水学や河川工学、生態学などは、文献を読んでも理解に限界がある。意図的な〝専門家〟の煙幕に、対抗するのに不安が生まれる。その道の権威を訪ね、理論武装のために教えを乞うた。

結果的に旧帝国大学の先生方に偏っていたのは事実。「あなたは一見ラジカルに見えても、権威におもねて、事大主義だ！」と、若手メンバーの糾弾に遭う。

「論理を裏打ちするデータがほしい。開発側への対抗力をもつために、教えを乞う」との私の抗弁に対し、「理論よりも実践だ！」と、口角に泡が飛ぶ。

罵るような挑発にも、「組織の礎を築く」という思いから耐え忍んだ。〝嵐の季節〟は、組織を立ち上げて行く通過儀礼であったろうか。相互に批判し得る自由があって、無用の闘争（分裂）を回避する良識も働く。ゲバルトでなく、批判精神の発露にとどまったのは、抑圧を排したサロン的な自由が内部に漂っていたからだろう。

どの環境問題も、デモやシュプレヒコール、実力行使だけで解決しない。速効性が局地的にきく場合も、抜本的な解決が残る。弥縫策《びほうさく》で糊塗しようとして、かえって取り返しのつかない事態を招く。

地味ではあるが、市民の参加による調査・研究での科学的データをもとに迫る必要がある。そのデータは文献や実験室にとどめず、現場でクロスチェックする。「現場の息吹」を吹き掛け、刻刻変化する状況に耐え得る生命力を宿すまで、熟成させたい。

水環境をめぐっては、例外はあるにしても最低一〇年ほどかかる。くりかえし現場に立つ中で、分類、分析されたデータが蓄積され、熟していくのではないだろうか。

こうした知見をもてるまでには、いくたびかの失敗や誤りをおかした。内省の産物である。焦る余り、公的資料等をうのみにし、事実の前に破綻した例を上げる。

一九七一年、会メンバー六人による共同執筆「野川と社会開発――〝水辺の空間を市民の手に〟」では、流域下水道などの「浄化対策が実効をもちはじめる一九八〇年代には、野川がアユの放流できる『生きた川』に甦ることも可能となろう」とし、巨大システムがもつデメリットの暗部（問題点）をえぐっていない。現場での検証を怠ったまま、〝下水道の神話〟を信じ、結果的に権力のプロパガンダに成り下がっている。

『水辺の空間を市民の手に』表紙

この論文は、日本地域開発センターの月刊『地域開発』一〇〇号記念懸賞論文に応募して入選（高山英華東京大学名誉教授ほか六名の審査委員）し、翌一九七三年、自費出版した『水辺の空間を市民の手に――水系の思想と人間環境』に、そのままメイン論文として、収録されている。同年、岩波書店刊『公害研究』で、中西準子さん（当時、東京大学工学部助手）は愛知県の境川流域下水道をモデルに、流域下水道の幻想を暴き、完璧なまでに神話を崩す論文を発表した。

また、思い込みも怖い。野川の中流域で、一番きれいな川に戻るのは何時であろうか。真夜中の午前一～二時頃なら、タレ流しもおさまり、澄んでくるだろうという、〝常識的な判断〟が大勢を占めていた。が、二四時間の測定をしてみたところ、その時間帯は逆にもっとも汚濁していたのである。河川の流速にみあって、源流から上の各市の下水（風呂や洗濯排水）が中流域へ到着するのが真夜中になることが判明。湧水の川に変身するのは、早朝六時半ころのひとときであった（一九七六年、自費出版した『野川流域の自然――市民が足で集めた調査資料集』）。

くりかえし現場に立って検証したとしても、「だれのための調査研究なのか」を明確にしたい。これがぼやけていると、研究のための研究になりがちで、〝科学の中立性〟の美名のもとに専門家の陥穽に嵌まらぬとも限らない。名誉欲や研究費の獲得に傾く。「市民環境科学にも厳しい自己批判がないと、己の正当化に傾き、客観性を薄めてしまう。そうなれば『公共性』と『科学』の名によって、進行する開発・破壊側の論理に向かって、対抗する市民科学の力は損なわれるだろう」（ＮＨＫブックス『都市に泉を――水辺環境の復活』本谷勲編著、二〇五頁）と、常に自戒している。これが担保されるには、なによりも透明な情報公開を促し、創造的批判精神を尊ぶ民主化が必要である。

(2) 情報公開が社会の正気を保つ

調査研究のプロセスは長い。調べれば調べるほど「分からない」ということさえ生じる。ささやかな野川での体験の中でさえ、「もっと情報があれば、タイムリーに的確な対応ができたのに」と、悔やまれる局面がいくたびかあった。その典型が地盤凝固剤による地下水汚染をめぐる仙川分水路事件（一二九頁、丸井英弘リポート参照）であろう。

地盤凝固剤を大量に使用した立坑工事での揚水で、近隣住民の井戸に異変が生じた。調査にきた工事関係者は「水位が下がっていますが、この井戸古いですね。側面が剥がれているし、水が濁ったのはポンプが壊れたのでは……」と言い、「工事現場から、こんなに離れて、影響なんか考えられませんよ」と付け加えた。

だが、工事を中止させ、揚水がストップした翌々日、油のようなものが覆っていたものの、井戸の水位は戻った。二度と飲めない水にはなったが、自然は正直に反応し、「事実に対して誠実」であった。後に提訴した原告の主婦は、「自分の住む地下を、凝固剤が溶出した毒水が流れつづけるのは耐えられません」と、唇を噛んだ。

どのような危険な添加剤が、どれだけ使われたかを知るため、予算執行上の仕様書の開示を都に求めたが、頑として応じなかった。「公」による情報の壁は依然として険しい。

ベルリンの壁は劇的な崩壊をしたが、情報の壁は、内部の腐食と劣化を伴う負の「文化変容」が先行し、壁面に亀裂が進むだろう。

その兆候は、すでに表われている。いっそう行政の民主化を求め、〝知る権利〟を拡充していく、ねばり強い〝権利のための闘争〟が重要である。むしろ、これから更に、「巻き返し」ともいうべき専門家を動員しての巧妙な情報の捏造、デマゴーグによる情報操作の危険性が、深まっていくとの危惧を抱く。

当会発足の契機になった〝知る権利〟のパネル討論会（一六頁）を開催してから、すでに三〇年の歳月――初心をわすれないよう学習と啓発がくりかえし行われてきた。一九七五年五月には、「憲法を暮らしにいかす市民集会」を開き、奥平康弘・東大教授が「〝知る権利〟と市民運動」と題して講演、私を含む三人の会員が報告した。

機関誌『野川を清流に』でも論陣を張り、第四〇号（一九八〇年五月）トップで、「行政の秘密を監視し情報公開法を求める市民運動」を紹介、「市民の力で〝知る権利〟の確立を」と訴えている。第四七号（一九八一年十一月）では、毎日新聞社会部副部長の原剛氏が「情報公開への提言」を寄稿、秘密主義百年の伝統に支えられた、したたかな官僚組織に抗して、「社会の正気を保つために」情報公開の必要性を説く。「市民サイドからの行政民主化運動には、ちょっと気をゆるすと、スローガン好みともいうべき形式的自己満足に陥る傾向が強い」——とも指摘。「『情報公開』を装った『情報管理』のための国家的制度の出現を私は危ぶむ」と記す。この論文は〝知る権利のための闘争〟の方向を確認する羅針盤として、今も私の座右にある。

さて、本会の内部に会員の〝情報主権〟は確立されていただろうか。形式的に記録閲覧権を会員に保障（会則第七条）している。しかし、情報の発信、増幅の過程（表現の自由を含む）では、まだ試行錯誤を経て、確立しつつある段階なのかも知れない。例えば、機関誌『野川を清流に』の編集権をめぐって、角逐の傷跡は消えたものの微かに疼く。
①限られたスペースで、優先順位や採否をどのような基準で誰が決めるのか。
②編集の意図や方針に合わない場合、添削したり、加除訂正をだれがどういう手続きでするのか。

もう二〇年も前になるが、「こんなに直されるのなら掲載してもらわなくてよかった」と会員から抗議を受けた。いつの間にか、デスクになったような錯覚を私がしていたのだろう。カツンと〝私的権力〟がやられたのだ。その痛みが漢方薬のように効いてきたのは、いうまでもない。ミニコミにおける表現の自由でも、〝知る権利〟に応える内部の民主化が問われる。

ひらかれた編集会議を心がけつつも、高度に専門化する要素もつよい。特定のメンバーが独善的にリードしたり、ドグマが巣くう場合もある。有料で配布の場合なら、マンネリ化で読者が減り、シグナルが点滅、刷新の必要に迫られる。しかし、『野川を清流に』のような無料で配布される啓蒙の紙つぶては、無料という甘えからか、批判を合理化しがちである。

こうした内省をふまえて、新しいメンバーを加え、〝実験の精神〟を尊ぶ。あるとき、「こんな立派なものをタダで、どこから資金がきているんですか」と、怪訝そうなまなざしを向けた婦人がいた。

長い間、会費だけでは赤字で、印刷物の販売や会員が原稿料などを寄付してくださった浄財などをやりくりして、無料で配布してきたただけにショックであった。

これをうけて広告掲載の実験が始まったが、その一翼を担ったのが編集業務が初体験という赤羽政亮さん（元大学教授）である。後に編集長も務め、学者らしく創刊号からのデータを分析して、「シルバー世代の生き方とミニコミ」（九二頁）にまとめている。高齢であるにもかかわらず、しなやかにもう一つの生き方を編集業務の中に探り、自己変革を遂げた記録でもある。

編集者の生き方を問う〝内なる変革〟があって、ミニコミが社会の正気を保つ「実践への架け橋」になれるのかも知れない。プロ意識に囚われた玄人では、つい変革がめんどうになる。分野によっては、素人に軍配が上がる時代であろうか。

(3)プロとアマの差

おろかにも、「下水道さえ整備されれば、川がきれいになる」と、信じて疑わなかった一年余があったのを、すでに告白(二七頁)した。〝下水道神話〟にこころを奪われ、現場から学ぶのが遅れた。

まだ道半ばの市民環境科学の実践をとおして、もうひとつの迷信をそろそろ脱却しなければと考える。「科学とは専門家の仕事」という分業社会から生まれた迷信である。

休日を返上しての環境ボランティアで、夕刻、帰宅した私に回覧版を届にきた町会長氏曰く、「お疲れさま、水質調査とかに行っていたそうで…。そんなもん役所の〝専門家〟に任せて、そのために高い税金をはらっているんですから。どだいアマチュアの手に負えんでしょう」

余計なお世話である。が、反論せずに「分かっていますよ」と、目で応えた。神話や迷信は善良で勤勉な日本人の思想として、血に溶けこみ、ときに〝大東亜共栄圏〟、〝神風〟

にも及んだのではなかったか……。

玄人の〝専門家〟や役人に国土を任せた結果はどうであったか。今日の水環境の深刻な危機を見れば、明白である。脅かされる生存基盤の諸状況は、だれによってもたらされたものだろう。いかなる名分があったにせよ、その主因は〝専門家〟と自認する方々にある。「法を忠実に執行しただけだ」という能吏も多い。立法の政治過程へつながれば、そのような政治家を選んだ国民の責任に分散され、戦争責任と同じように「一億総懺悔」になってしまう。

しかし、素人の私が「科学とは専門家の仕事という迷信を脱却したい」と言っても、説得力が乏しい。やはり一専門家である本谷勲さん（当会二代目会長、東京農工大学名誉教授・植物生態学専攻）の言葉を借りる。

「植物の名前を知らなくても、植生調査はできるし、専門家以外の調査も必要です。公害・環境問題は、専門家と素人の協力なくして解決しません。そもそも環境問題で万能の専門家などいません」（『野川の植生調査』一九七六年刊のマニュアル）。

水辺の植物の特性を調べるのに、私のような素人も、気遅れしないで参加した。微妙な草花の特徴で、四季のうつろいを感知しうる。ムラサキやカタクリの群生に出会えたときの感動、思わず誰かに話したくなるが、「場所は秘密がルールだよ」と、念を押されている。この場合は情報公開すると、たちまち根こそぎ持ち去る盗人があとを絶たない。日頃、正論を言っている大人が子どもと一緒に盗んだ現場を目撃したこともある。

当会が〝市民運動の道場〟であったとして、本谷勲さんは、ご自分の専門馬鹿振りを披露している。「私は一専門家としてこの運動に参加した。そして初めの頃、痛烈な失敗をやらかした。湧水地点を求め、湧水の状態を調査していた頃、それはまだ、湧水調査班、植生調査班、社会調査班に分化する前のことだったが、専門化気取りの私は、水質調査の道具を背負い長靴をはいて、ある湧水のせせらぎにドカドカと足を踏み入れた。『アッ、水を汚さないで』という誰かの叫びで、ハッと気づいたのだが、水源の水を汲むことだけに集中し、私は〝川を清流に〟という市民感覚を失っていたのだった。専門馬鹿をいたく恥じた」（一九九五年三月発行『野川を清流に』第七六号、「市民運動の道場、野川――素人の科学を育む」より）。上記は「科学に対して謙虚であること」の実例である。こうした専門家と素人との協働を通して、「素人の知恵を確かなものとする素人の科学の構築」が可能となる。

このような関係のもとでは、「問題解決への情熱の差」こそがプロとアマをわける差といえるだろう。アマの代表として、普通の主婦が問題解決へ情熱を傾け、当会の戦列に加わってくれた。紅二点・池田恵子さんの『女の出番――悲鳴をあげるゴミ焼却場』（一七一頁）、三代目会長・宮本加寿子さんの『ハケに生きる――女の目に見えてきたもの』（一八六頁）に、あなどれない素人のしたたかな一面をみるだろう。

真の専門家とは何かが厳しく問われるのが環境問題である。体を張って、水俣病の原因究明をした原田正純氏（元熊本大学医学部助教授、熊本学園大学教授）は、『裁かれるのは誰か』（世織書房、一九九五年刊）の中で、次のように断言する。

「専門家は常に風通しをよくしておかねばならない。素人といわれている人のもつ常識（知識）から普遍的な問題をとらえ、理論化し実証していかねばならない。そのことが、結果的に専門家の存在理由をさらにたかめる」

水俣病の歴史に専門家の過ちが炙《あぶ》りだされているからだろう。「専門家は時として被害者にとって救世主的な役割も果たすが、時としてその専門的知識ゆえに、既成の概念にとりつかれてとんでもないマイナスの役を果たすことがある。また、行政や企業にその権威を利用され弱者の被害を拡大することに手を貸すこともある」と、指摘しておられる。

これは「科学に対して謙虚であること」の有意性の例証である。半谷高久・都立大学名誉教授は、質的変化がじわじわとくる環境問題が多い現状から、科学の奢りを戒めて、次のように述べている。

「環境を監視するという場合には、いままでやってきた監視の方法の限界と言うのをよく知っておかないと、ついに独り善がりになってしまう」とし、「どこまで環境診断をやれるかということに、疑問を残しておく」のが最も科学的だという（月刊『青と緑』一九七三年五月号、鼎談「水系の思想を探る」）。

当会の歴史には、なにが炙りだされてくるだろうか。職務命令や給与、日当、報酬もなかったが、専門家と素人が協働して、くりかえし現場に立ってきた事実であろう。市民環境科学だからとの甘えを抑え、事実に対して誠実にと心し、科学の奢りを戒めてきたつもりである。その評価は、他人に任せるほかはない。

四、人間交流の輪をひろげる

(1) 荒野に種を蒔く

まず、色川大吉・東京経済大学名誉教授は、歴史学者として近代史の過程を分析し、開発が犯した罪を摘出（朝日選書『歴史家の嘘と夢』一九七四年刊「〝開発〟の七つの大罪と住民運動の原点」より）している。

①民族的な犯罪（風土に対する破壊）、②文化財の破壊（古墳や埋蔵文化財の被害）、③人命への加害（森永ヒ素ミルク、イタイイタイ病、水俣病など）、④農民の共同体的な人

間関係の破壊（農民を〝金取り人間〟に堕落させた罪）、⑤資源乱費、⑥アジア、アフリカなど開発途上国への圧迫、⑦精神史的な大罪（道義性の減退や心情体系の混乱など）。

要約して列挙したが、「われわれは被害者であると同時に、われわれ自身がまた、それを見過ごしてき、それの片棒をかついできた加害者であるという事実を、主体的に問いつめなければ、住民運動の原点は豊かにならない」と、付記する（同書三二一頁）。

このような大罪を食い止め、それを償ってゆくにあたいする根源的な大衆運動の特色として、次の四つを上げる（概要）。

第一に、町会などの旧組織に対する不信が根強い。そのため組織を飛び越え、直接交渉方式を取り、やがては自治体を自分たちの手でつくり直し、官公吏をつくりかえるという方向にまでいく。しかし、これだけでは、不十分で、既存の組織に体質の改善を要求しながら、それらを自分の周辺に援軍として配置し、運動の連結媒体として利用していくということをしなければ、現在の住民運動は、すぐ壁にぶつかる。つまり、「土着の共同体の結衆の論理」をつかむ必要がある。

第二に、いままで専門家まかせで、自分らはその人たちのやる結果を信ずるというやり方であったが、自分たち自身が学んで、とにかくやってみるという段階にある。その実例として、「多摩川の上流の野川を死んだ川からよみがえらせようという運動の中にもよくあらわれている。このとき、その市民組織が住民の意識調査をまずやって、住民がどういう方向での野川の改修を望んでいるか、さらに住民運動のやり方についての意識調査をも個別訪問して聞いた。それと同時に、ＰＣＢや水質汚染の問題についての科学的な勉強をみんなでやって、その科学の知識を利用しながら、自分たち自身の野川の改修計画を立案している。最後にそれをいかに実現するかという点で、行政のいままでのやり方を批判し、あわせて行政機関に対して具体的な要求を出す」と、紹介してくださった。

第三に、旧組織のセクト的な指導下から自立した学習運動の勃興。

第四に、在来の地方の政治構造を大きく変えつつある。いまの住民運動は日本の政治を根っこから変えることになるかもしれない。

これらは、「民衆が歴史的経験のなかで学んだこと」であるが、住民側が全国的な連帯と、ネットワークの形成に失敗したら、かならず巻き返されると警告しておられる。その常套手段として、国家幻想としてのナショナリズム、対立や矛盾を巧みに利用すると予言し、そうさせないために、「いかなる幻想にも惑わされぬ強靭さを鍛えてゆかねばならない」（同書二二八頁）という。

今から三一年前、『水辺の空間を市民の手に』を発行したとき、「研究・調査は発表されると華やかですが、本来、地味な仕事です。不毛を承知で、種を蒔き続ける労を惜しんでいたら、つたないこの本でさえ誕生していなかったと思います。ひとつぶの種をたいせつにしたい――」と〝編集後記〟に記した。

さすがに黒い表土がおおう武蔵野の大地――芽を出し、花をつけたタネも、少しあったようである。どんな実がなったろうか。

この思いを受けて下さったのが、酒井喜久子氏（アサヒタウンズ記者）は、「三多摩研が三多摩の市民運動に果たして来た役割は計り知れません。蒔いたタネを今、三多摩の多くの市民運動が受け継いでいる」として、二つの例を上げる。（一九九五年三月発行『野川を清流に』第七六号、「市民運動の展望を拓いた三多摩研――グローバルな組織へ発展的解消」より要約）。

一つは、科学的な目を市民運動に取り入れたこと。ともすれば感情的で主観的になりやすい運動が科学的なデータの裏付けを得るようになって、説得力を増し、対立関係にあった行政も逃げようがない。市民運動に無縁だった科学者や専門家たちも、市民として参加し、科学で闘える可能性を示した。

二つ目に、行政の職員も運動に巻き込んだこと。

運動に巻き込まれた役人（?）の一人として面はゆいが、「官公吏をつくりかえるという方向」に、水をさしてはいけないと自戒している。主権在民は憲法の理念である。公務員は、主権の〝公僕〟であり、憲法を遵守する義務を負う。市民との協働の中で、福祉の増進に寄与しつつ、主体性を失わない新しい公務員像――これを創出できれば、行政の民主化が進み、真の行政改革に通ずるのであるまいか。

（1）第1121号　1995年3月11日　土曜日

朝日新聞の姉妹紙　毎週土曜日発行

アサヒタウンズ　多摩版

発行部数 205,000部　本紙のおもな配達地域

環境運動に大きな足跡

三多摩問題調査研究会　23年間の活動にピリオド

水辺の空間を市民の手に　高い理念を掲げて繰り返し現場に立つ

生きていた！死の川

長年の運動の蓄積が、画期的な水みち調査に取り組ませた（国分寺市内で）

行政を"動かす武器"

より広範な運動の展開めざす

専門家以上に力発揮

運動から生まれた出版物も多い。発信されたキーワードは、三多摩の自然保護運動の原点になっている

アサヒタウンズ記事（1995.3.11）

(2) 各地に燃える連帯の炎

市民環境科学の現場では、素人もテーマへの情熱さえあれば、もう「専門家」並みの扱いを受ける。それぞれの局面を打開するため会員がなんらかのプロフェッショナルである持ち味を生かし、主役を担うことも少なくない。しかし、小さな会の内部のみでは、自ずから限界がある。

人も、水が循環するようにめぐりめぐって、出会いを重ね、他者との交流の中で育つ。水面にポーンと投げられた石ころは、水の輪の波紋を生む――その中で共感し、共鳴しあって、ひとまわり大きな輪がひろがっていく。

その最初の石ころに相当するのが、一九七三年、自費出版した『水辺の空間を市民の手に』である。B5判、六四頁・定価二五〇円で、初版が一万部。懸賞論文の副賞五万円があったとはいえ、無謀な企画で印刷屋さんに五〇％前払いの条件、プロの忠告にしたがわない〝素人の冒険〟だからやむをえない。私が「失恋して結婚資金が宙に浮いたのを投入」して発行したというエピソードが残る。寝室を占拠したのが〝新妻〟でなく、重くて堅い本。小型トラック一台分が納品されて、自宅に入り切らない。公民館の警備員室に預かって貰ったりしながら、さっそく普及運動を展開して、〝川行脚〟が始まる。

この本に収録したメイン論文については、前章の「くりかえし現場に立つ」で言及したので省く。創立まもない組織の処女出版にしては、「そうそうたる専門家が一文を寄せている」と、豪華キャストを論文名とともにご紹介くださった後、森まゆみさん（谷根千工房代表・作家）は、こう記している。

「治水の名のもとに、行政がコンクリート護岸や暗渠化をすすめていた当時、野川の汚染は多摩川の汚染になり、東京湾を死の海にする。流域全体の市民で野川を生き返らせようという『水系の思想』はなかなか理解されず、『なにをのんきなことを』といわれたそうだ。しかし、この小冊子は、市民が考え、育ち、人のネットワークをつくり、さまざまな運動を野川に展開してきた、その起爆剤であったことは否めない」（岩波ブックレット『とり戻そう　東京の水と池』四〇頁）

豪華キャストのひとり、宇井純氏（東京大学工学部助手、沖縄大学名誉教授）は、一九七〇年一〇月、「公害自主講座」を東大の教室を会場にして開講（一五年間継続）した。「立身出世のために役立たない学問、そして生きるために必要な学問の一つとして、公害原論が存在する。……中略……修了による特権もない。あるものは、自由な相互批判と、学問の原型への模索のみである」という開講の言葉の一説に、学問の〝切り羽〟で苦闘する科学者の良心が滲む。

当会の前史として、自主講座に通っていた一聴講生の私の、つたない論文をふまえて、つぎのような所見を寄せている。「この野川の市民運動が乾ききった草原にともされた一つの火の如く、社会の行きづまりをつきぬける運動にならないとは誰にも言いきれないのである。もし病める都市の未来に希望があるとすれば、その基盤は住民の運動をおいて他にあり得ない」（『水辺の空間を市民の手に』収録、「技術主義の破綻――水のある星をめぐって」）

いまだ「乾ききった草原」に燃えひろがっていく勢いはない。〝入会のおすすめ〟といった類いのパンフレットをつくったことはないし、機関誌の片隅に記す程度。いわば口コミでの勧誘に終始した。しかし、野川水系にかぎってみれば、当会の掲げた松明《たいまつ》の炎が、かなり遠方からも見える。会員の手によって、炎を〝おすそわけ〟し、連帯の炎が各地に燃えているからだ。

すでに一八の「水辺を愛する野川流域の市民グループ」が生まれ、多種多様な活動を行っている。もう野川水系の中では、当会の出る幕が少ない。荒野に新しく道が拓かれ、当会が一〇年かかったものを、新興の市民グループは二〜三年で器用に越えていく。〝清貧〟に甘んじて、地にへばりつくようなスタイルは曲がり角にあるらしい。

会社を経営する尾辻義和さんの「市民運動と青年会議所（JC）運動」が本書（一五七頁）に収録されている。当会一五周年を記念するシンポジュムに参加して、その場で入会を申し込んだという。活動になれた二年後、なにごとも勉強と新しく「野川に親しむ会」を結成して、活躍中である。

専用の事務所すら当会にはなく、有給スタッフも皆無（有償ボランティアに一部委託）で、〝背に腹は変えられない〟というような切迫感がない。当会の会員数はピーク時で五七人、一九九三年三月末で四二人であった。倫理にもまして、身の丈にあった振舞いをし、ハッタリや背伸びを自制したことに因る。零細グループだから、持続できたのではないか。当会にとって、ゆたかな人脈を歴史的に形成してきたネットワークが、唯一の財産である。本書に収録（二二六頁）されている宇井純氏の特別寄稿「三〇年の道程――〝水のある星〟のゆくえ」は、〝財産証明〟の一つともいえるだろう。

(3) 川は流れる

組織は自立しうる容量に規定される。活性化する循環システム（入退会の会則や行動指針、倫理規定）をつくりあげる過程が大切である。容量は刻々と内部や外部の要因で変わる。それをキャッチする感性を、どう磨くかが問われるだろう。

感性が鈍っていると、公益性を装いながら肥満体質となり、金取り集団へ〝変身〟するケースも目立つ。組織の維持が自己目的化し、金をめぐって分裂の危機を招く例も少なくない。いずれも、持続的発展（サステナブル・デベロップメント）に、危機のシグナルが点滅する。環境問題の処方箋を〝環境容量〟の概念でつくりあげた村瀬誠氏の『環境シグナル――現場で磨く感性と科学』（北斗出版刊）は、組織の処方箋に応用可能な理論であるまいか。

会則を制定するのに、創立から約二年を要している。情報交流と人間交流を一定のルールの中で保障しつつ、リスクを組織的に受け止める装置が規定されている。

一つは、「会員五人以上で企画のうえ、研究計画書（趣旨・日程・予算・資料等）を役員会に提出し、過半数の賛成」を得れば、研究班が創設できる。会員はいずれかの研究班に属するとしたので、興味や感心をもてる班をつくれる。実際には、野川、自治体、ＡＴＴ（荒川、多摩川、利根川総合研究）の三種しかつくられなかった。創設は簡単だが、軌道に乗せて、維持・発展させる苦労をつぶさに見てきた結果であったろうか。

二つ目は、「会員三人以上で企画し、活動計画書（趣旨・日程・予算など）を役員会に提出して、過半数の賛成を得れば、他の諸団体との交流、講演会、映画会、その他の行事を主催することができる」の規定である。
①野川関係＝市民公開地域講座、ミニ講座、わんぱく夏祭り、野川流域を歩く会、自然観

▲多摩川源流・笠取山水干の尾根道にて（1990年）

察会、野草を食べる会など。
②交流事業＝多摩川水系自然保護団体協議会、上下流交流会（荒川・多摩川・利根川）、水郷水都全国会議、名水シンポジウムなど。
③共同研究等＝地下水問題研究会、凝固剤問題研究会、水みちグループ、TAMAらいふ21など。その他、各種の出版事業など列挙しきれない実績がある。

なにをするにしても、発起人（いいだしっぺ）に他の二人を口説くだけの熱意がなければ、成就しないと考える。組織に属した以上、個人ではなしえないことに挑戦する機会をもちたい。これまで私自身も、三七件の発起人に名を連ねたが、二件のみ不発だった。

その一つが、三鷹市大沢で萱葺き農家が空き家になったのを借り受け、医師を志す若者の塾をつくろうとした企画。鹿児島県志布志湾で、コンビナート進出を阻止する方々に現地でお会いし、メンバーの絶妙なコンビネーションに感服したのがヒント。金剛寺の暉峻康民住職曰く、「組織の三役の本職は、薬剤師、医者、それに坊主、四日市みたいに公害になって病人が増えたら、みんな儲かる。それがそろって反対しとる。本物の闘争でしょう」

医者育成の実験を私から依頼された大学院生は、「自然観察や野川の調査をやりながら医学部に進学させるのは至難の業、自信がありません」という。その後、薬剤師、医師が会員になったが、坊主は一人もいない。

もう一つは、〝多摩分立論〟である。不発というよりも、「渋柿であったから、皮をむいてつるしてある」と、譬えたい。甘みが増してくれれば、やがて分権と自治をめぐって、食べごろになってくるだろう。分立の法的根拠は地方自治法第六条の「廃置分合」の規定にあるが、分立のための法律は、特別法（憲法第九五条）として扱われ、「住民の投票においてその過半数の同意」を得なければ、国会はこれを制定することができない。アメリカの自治の歴史を背景として生まれた規定だけに、〝地域主義〟ともいうべき分権の思想が流れている。自治体問題研究班で、「あすの多摩を考える」講座を続けながら模索したが、余りに政治的で消化する力がなかった。

くりかえし発意し、不発や挫折をも糧にしてこれたのは、「お互いを認めあう人間交流のネットワークが野川の水系の運動のキーワード」（一九九五年、嵯峨野書院刊『二一世紀へ　環境学の試み――自然と人間の共有の未来にむけて』山村恒年他共著）であったからにほかならない。

このような自由な交流のネットワークが無かったならば、狭い専門領域に閉じ籠もり、自己満足やナルシシズムに浸っていたのではないか。私の編著『森と海とマチを結ぶ――林系と水系の環境論』（一九九二年、北斗出版）や、記録映画『あらかわ』（一九九三年、シグロ製作）などは、ネットワークのささやかな果実である。「支流あっての本流」との思いが強い。会長が召集する〝合同例会〟の本流に対して、いくつもの支流が生まれる仕掛けが、ニーズにマッチしていたのであろう。

「そもそも、本流・支流という川のとらえ方は、水の流れに逆行した考えたかではないのか。あまりにも地図的な、静態的な、結果的なとらえ方ではないか。極言すれば、川とは無数の支流のことなのであり、本流などというものはどこにもない、と考えてしまったほうがいいのではないか。水の流れにそっていえば、本流とは支流の成れの果てなのであり、末の末にすぎない。これに本流の名を冠し、より個性的であるより水源に近い流れに支流の名を与えるのは、それこそ本末転倒である」

引用したのは、作家・黒井千次氏の文章の一節である。本会の公開講座に来て下さった感想を読売新聞に発表され、こう末尾を結んでいる。「逆説的にいえば、川を汚染することによって、我々は今はじめて川を自分のものにしつつあるのかもしれない」（一九七七年、北洋社刊『美しき繭』収録「川は流れる」より）

どうして、こんな〝死の川〟になってしまったのか――悪臭放つ汚濁の野川に佇んだ、あの日、あの時、作家のような感性にはほど遠いが、「初めに行動ありき」と、突き上げてきたのは「川を自分のもの」とする情念であったろう。

（1）ATT研究情報第30号　ATT　2003.3.16

ATT

》もくじ《

■特集・迫りくる生物多様性の危機とは何か

2頁・なぜ、生物多様性なのか？　本谷　勲（東京農工大学名誉教授）

4頁・生物多様性とエコロジカルプランニング　原　雄一（コンサルタンツ会社勤務）

7頁・四つ葉のクローバーの思い出　萩原優騎（国際基督教大学大学院）

8頁・「十年樹木、百年樹人」に学ぶ　高　宏（東京農工大学大学院）

》第30号《

■発行・ATT流域研究所

〒184-0012

東京都小金井市中町2-5-13

FAX・電話　042-381-7770

E-mail attbri21@oregano.ocn.ne.jp

■発行人・小倉紀雄（理事長）

■編集・ATT編集委員会

■郵便振替・00170-3-665033

荒川・多摩川・利根川総合研究

日本名水紀行（26）

ダムと化した信州の仁科三湖をもとに戻せ

――自然再生への世直し裁判を注目――

文・井出孫六

▲ダム取水がない日の青木湖

信濃大町から白馬村に向う大糸線の車窓から見えがくれする仁科三湖は美しい。下手から木崎湖、中綱湖、青木湖と三つの湖が連なっている。上手の青木湖には流入する川はないが、水深は六〇米余、信州の山湖の中では最も深い。思うに、北アルプスの連山に積もった雪が地底深く潜って、湖底から人知れず滾々と湧き出しているのであろう。中綱湖によってつながれている一番下手の木崎湖は浅い代りに清洌な水面は最も広い。

木崎湖の湖畔には大正の頃、木崎夏季大学というものが生れた。僕が小学校に上ったころ、そこに夏の林間学校ができた。ぜひ行ってみたいとせがんだが、あれは東京の子の行くところだよと、願いをきいてもらえず、無念の涙をこぼしたことを、後年、東山魁夷画伯の描く湖畔の白い馬を観たときに思い出した。

たしかにそこは、信州のなかでも上高地や軽井沢や野尻湖のような、バターの香りのするような異空間だったはずだが、その後、仁科三湖だけが取り残されていってしまったのはなぜなのか、わたしには不思議だった。

何年か前、久しぶりに仁科三湖に行く機会があった。新宿で乗ったスーパーあずさは、白馬に行くスキー客で賑わっており、信濃大町を過ぎれば、信濃木崎駅も簗場駅にも停まらず、次は終点の白馬だと告げられ、あわてて降りたのだが、信濃大町に降りた客はまばらだった。その日、目にした仁科三湖の変貌が、またわたしを茫然とさせた。渇水期のダムがしばしばそうであるように、湖面が異常に下って、湖畔の茅や岩肌が露出しているだけではなく、遊覧ボートの桟橋の橋杭が根元から浮き出してしまっているのであった。

「そうなんです。おっしゃるように、青木湖も木崎湖もいつのまにか、ダムになってしまったんです」。

案内に立ってくれたAさんが憮然として言った。彼は地元にあって夏にはウグイを、冬にはワカサギを漁《すなど》りしてなりわいとしてきた漁民だが、漁獲量の激減で舟をおりたこと、それは昭和電工大町工場の歴史と表裏することを語ってくれた。

戦時中のアルミ増産には電源として膨大な水を必要とした。槍ヶ岳を源とする高瀬川に次々にダムがつくられた。創業者・森矗昶は、「二たび発電工事を完成すれば降雨の尽きない限り、山岳の化して原野とならない限り、てんてんとして真に無尽蔵の富源となる」と督励した。それでもなお水は足りず、戦後復興のなかで青木湖の水に着眼した総合開発の推進者・林将治（元台湾電力土木部長）は、「日本の屋根長野県では、天恵の地形を利用して下流に連なる発電所に水を送ることであり。青木湖、大正池は、その一例だ」と書き遺した。

時代は大きく転換して、アメリカに起こった脱ダムの波は信州にも及び、水無川と化した高瀬川や仁科三湖本来の生産力と景観復元に向けて市民の裁判が始まっていることに注目していきたい。

（作家・第72回直木賞受賞）

※写真・長野県大町市「おおまち」より。

ATT・第一面

そして、水の輪がひろがるにつれ、川と川とを分かつ分水嶺をこえて、〝水圏の構想〟が尾根の向こうを包み始めた。当会の研究班であったATT流域研究所が一九九三年四月、「荒川、多摩川、利根川及び東京湾の水圏を中心に総合的な調査・研究をすすめ、流域振興や都市問題、地球環境をめぐる諸問題に各種の提言をし得る活動を目指す」（定款第二条）として、旅立った。当会で二四年間まとった襤褸《らんる》の衣を脱ぎ、分水嶺を越えゆく用意をしなければなるまい。

川霧は消えず
——ひとつの単眼的思考

鍔山 英次

(1) 生きている野川

この川に野川という名を付けたのは、どんな人だったのだろうか、と思うことがある。自然の中に溶け込んで、ゆったりと流れる野の川という言葉の中に、生命を育むものへの限りない感謝の気持ちと、親しみが込められているような気がする。かつて大川とも呼ばれていたともいう。いまとなっては、そこまでの姿を取り戻す術はないとしても、たとえ周囲にビルが建ち並び、川の流れや水辺のたたずまいがどんなに変わってしまおうとも、湧水がある限り、やはりこの川は野川だというイメージを主張し続けるに違いない。

作家の大岡昇平さんのお供をして、野川に沿って歩いたときも、ふとそんなことを思った記憶がある。亡くなる年（一九八八年）の梅雨の季節だった。武蔵野のハケと湧水を世に知らせた名作『武蔵野夫人』を書いてから、もう四〇年が経っていた。青春時代をこの地で過ごされた大岡さんは、ここを訪れたとき、普段は決して見せたことのない、少年の日の顔になっていた。

「この辺りに確か湧き水があったような気がする」……大岡さんは水の流れを頼りに、自らの青春の日を探し続けているようだった。貫井神社の境内の湧き水を、うまそうに何回も口に含む大岡さんを見ていて、わたしは、水は人を少年の日に向わせ、自らの生を確かめるものだということを思った。人はこのようにしながら生き、水と共に長い時間を刻んで来たのだということを、大岡さんの笑顔から改めて知らされたような気がした。

何故、毎日のように飽きもせず野川に通うのかとよく尋ねられる。それに対する明確な答えはまだない。いまになって思い返してみると、野川の近くに移り住むようになったのは『武蔵野夫人』の中に描かれている武蔵野の面影に惹かれたからであり、それはあるいは少年の日を呼び戻そうとする、はかない希いだったのかもしれない。野川の岸に立って、自分の心臓の音と呼応するように、静かな音をたてて湧き出る水を見ながら、一度もシャッターを押すこともなく一日が終わってしまったこともある。それはそれで幸せな一日だった。

しかし撮り続けてきたフィルムを重ねていくと、そこにはいま、地球規模で問われている人と水、川との関わりといったことについて、多くのことを物語っていることに気がつく。四万十川でもいい、長良川や三面川のことも気にはかかる。でも、いま野川をじっと見つめることで何かが明らかにされていくかもしれないという思いがある。見続けること、撮り続けることで、野川が語りかけている声を聞くことができたらと切に思う。

ある日、フィルムの整理をしていて、それまで自分でも気づかずにいた小さな発見があった。それは辺りがまだ明け切らない、陽が昇る前のほんのひととき、野川の上に、一条の長い帯となって続く川霧の風景の写真が多いということだった。

一九七七（昭和五二）年の晩秋の朝、わたしはいつものように野川のほとりに立っていた。いつの間にか川霧の中にいた。やがて川霧は風もないのに静かに移動し、日の出とともに、あとかたもなく消えていった。幻の中にいたのだろうか。深夜、勤めを終えて帰るとき、再び同じ場所で、闇の中に、川霧が流れるのを見た。朝までこの状態が続いて欲しいと願い、一睡もせずに夜明けを待った。そこには川霧が立ちこめていた。そのたたずまいは過日見たときとは微妙に異っていた。辺りの木々を包みながら、それは生き物のように地表を這い、やがて消えていった。野川は生きていたのだ。野川を撮り続けてみようと思った。

長い間、報道の分野での写真を撮り続ける一方、日本人の心情の奥にあるものを求めて、

▲改修前の野川の川霧（小金井市）1986年

北から南へと、多くの土地を駆け巡ってきたが、この時わたしは、ようやく一つの視点が、自分の住む足元で定まったような気がした。『武蔵野夫人』が呼び寄せたのは、このことだったのかもしれない。

野川にいつも川霧が立ち込めるわけではないということに気がつくまでに、かなりの時間がかかった。経験から天気図を見て翌朝の気象をある程度予想はできたが、川霧が立つかどうかは予測できないことだった。気温の変化、温度との関係、そして風の有無などが微妙にかかわり合い、さらに湧水の流量にも大きく左右される。台風や秋雨前線で、降雨量の多かった年の秋は、湧水量も増え、川の流れにも勢いがある。気象も冬型になり、高気圧が移動性になって関東に近づく日、野川を取り囲む地表面や、一帯の空気層の温度が野川の水温より低くなった朝、しかも夜のうちに逆転層がつくられ、放射冷却のあった日の出前のひととき、それらの条件が重なり合って、温泉の湯けむりのように、野川は川霧を生み出す。川霧は毎朝異っていて、まるで魔物のように人を包み込み、ときにレンズの方向すら見失うこともある。いたずら好きの悪女のように気まぐれで、だから一層惹かれるのだ。

人間が自然を支配することが出来るという思いあがった考えを、そのまま具体的な形で示すように、水辺は直線化され、両岸をコンクリートで固め、僅かな間に、野川の水辺を変えていった。そんな工事の途中でも、川霧は絶えることがなかった。周囲の都市化が進んでいるとはいえ、武蔵野台地がまだ生きている証でもある。

(2)己の生き方を問い直す

枚数の多いもう一種類の写真がある。雪の日の野川の表情だ。人がまだ雪の日の朝の散歩に出る前に野川に足を運ぶ。白一色の川原で所どころに、黒々と土の地層をみせている個所がある。雪が降っても湧水の温度は変わらない。その場所が湧水源であり、野川の生命でもある。そのことを雪の朝、野川は誇らしげに見せてくれるのだ。

野川に惹かれたのは、川霧や雪の風景を生みだす湧水だけではない。水辺の野草、木立ち、鳥、昆虫など、関心を深めれば、レンズの方向は無限に存在することも次第に分かってきた。一つ一つが野川が育んだ生命たちだった。

その生命を絶やさないようにと、実に多くの人たちが、この川に関わっていることを知ったのは、一九八七（昭和六二）年に出版された『都市に泉を』（NHKブックス）を手にしたときだった。主婦、会社員、公務員と様ざまな人たちが、それぞれの生活の場から発想し、野川一帯の湧水の分布や水質を調べ、地誌や歴史、植物などの調査を進め、環境を守るために、一五年も費やしていたのだった。川に対して心を配るということは、とりもなおさず人間自らの生き方を問い直すことでもあった。

それまで撮り続けて来た写真に対して改めて省みるものが多かった。あらゆる生命が水の中から生まれ、地球上での長い営みのなかで、水の仕組みを識ることによって、問われなければならない人と水、人と川との在り方に思いを深めていった。無造作に手を下す野川の護岸工事、それによって変わってしまった水辺の環境について、レンズを向ける視点は変化せざるを得なかった。それはちょうど、人間の都合だけで著しく自然が破壊され続けてきた時代を終え、ようやく人は失ったものの大きさに気づき始めたころと重なっていた。

水辺の一木一草の名称から、その植性、トンボも蝶も鳥たちも、図鑑を手にしながらの撮影を始めだしたのもこの頃からである。改めて東京の街中を流れる川を、克明に見て歩いたりもした。都市の自然の変りようを知るために街の川を手掛りにしようと思った。神田川、目黒川、石神井川……。カルガモの幼鳥が、雨のあとの濁流に飲み込まれていくのを、目の当たりにしたのは一九八二（昭和五七）年の六月、善福寺川でだった。都会の中の川は、すでに彼らの生き得る場所ではなくなっていたのだ。翌年、あの人気者になった都心のビルの谷間で自らの生を営んでいたカルガモ一家も、都市化のなかで、生き物たちが自然から追いやられた一つの典型ではなかったか。

これらの川と比べると、野川はまだ生命体としての機能を保ち続けていた。数多くのカルガモはヒナを育て、それを追いかける青大将、湧水近くの草むらにひそむヤマカガシ…写真の中に見られるそれらの姿は、一級都市河川、野川の自然のかけがえのない一つひとつである。

近くに住む人たちはその野川を、宝物のようにいとおしみ、守り続けようとしていた。むかし、そうであったように、ゲンジホタルの乱舞する夏の夜を夢みて、湧水を集めてホタルの池をつくり、幼虫とその餌になるカワニナを育てる里親になる。サケが遡上するような、豊かな清流になることを願って、稚魚を育て放流する学童たち。一つの小さな生命を育むために、自然とじかに接することが、どんなに大きな喜びを与えてくれるか。一枚の写真に収められた、放流するときの子ども達の表情が、そのことを伝えている。サケ放流についていては、〝生物破壊だ〟という意見も聞かれる。ホタルの再生についても同じことが問われるだろう。本当に正解は一つしかないのだろうか。あれもやり、これも試みながら、野川本来の自然を育てていくこと、それが人間の知恵というものではないだろうか。記録として撮り続けてきたわたしの写真は、いまそんな問いかけをしているような気がする。

川の宝石と呼ばれるカワセミの姿を見かけたのは、もう一六年も前のことだ。何よりも嬉しかったのは、この鳥が〝清流の使者〟といわれていて、餌となる小魚が増え、水が清く澄んできたことを証明してくれたことである。わたしのファイルの中に、この鳥の姿が初めて加えられたのは、昭和六一（一九八六）年の正月だった。野川公園西の入口に近いアカ池で、枯れ蓮の枝にとまっている写真が一枚。それ以来、カワセミの写真は増え続けている。

わたしが足繁く通う場所の一つに〝くじら山下原っぱ〟がある。市民たちの憩いの場でもある。なだらかな斜面に沿って、柳の木々の細枝が風になびく中を歩いていると、この原っぱの原風景は一体どんなものだったのだろうか——不思議な感慨にとらわれることがある。

ハケの道からも望まれる富士山の噴火によって武蔵野台地が生成され、古多摩川は国分寺崖線を残して立川段丘の南へと本流を変えていった。野川がハケの湧水を集めて流れる

▲船遊びに歓声をあげる子供たち(三鷹市)1991年

川として独立したのはいつのころだったのだろうか。長い歴史のなかで原始の空間が人間の手が加えられた空間へと変容していく過程に、レンズは決して像を結ばない虚空に向って、わたしはその跡をたどろうとする。そんなとき、原っぱの小さな空間は大きなパノラマとなって立ち現われてくる。

(3) 自らが抱える原風景

いま野川は源流から住宅とその垣根で埋めつくされているが、この流域で偶々辛じて残されたに過ぎないような原っぱの空間に出合うと、単純きわまりない構図のなかに、引き込まれていくのはなぜだろうか。もしかすると、かつて森の棲家を捨て、野に出たとき、縄文人が初めて目にして、心を揺さぶられたのが地平線であったように、都会に生きるわたしたちが、見たいと願うのもまた、解き放たれた空間の中を走る一本の線なのかもしれない。

いま、わたしが一枚の写真として提示できるのは、コンクリートに固め変えられた直線の川道であり、原っぱで競い合うようにして咲く野草が、こともなく刈り取られてしまった風景だけである。どれもこれも、現代が生み出したコントラストである。人は自らの営

▲グランプリ受賞作品「野川の夏」（撮影・赤羽政亮）

みで、風景を変えていく。だからこそ、ここに立って各々がパノラマに自らが抱えている原風景を写し出そうとするのではないだろうか。そしてわたしが原っぱに来てフレームするのは、多分、縄文の時代に生きた人たちもまた、日の出を告げるように斜面を這うようにして流れる川霧を見たはずだという、願いにも似た想いだ。

わたしには本当に野川の姿を捉え切れているだろうか、という不安がいつもつきまとう。パノラマの川霧の中にたたずむとき、自分の実在がつかめず、虚構の中にいるような錯覚にとらわれる。ただ、そこに残るのは、一瞬の、そして二度と同じものには出合えない時間の断片——。

しかし、そんなためらいを、打ち消してくれるような出来ごとがあった。この原っぱを遊び場として育った一人のお嬢さんが、ここで結婚式を挙げたのだ。原っぱには五月の風が幸せを運んだ。祝福に集った多くの人たちは、みんないい顔だった。クジラ山から降りてきた白いウェディングドレスの花嫁は、若草の萌える草むらをバージンロードとして歩み、なんのためらいもなく故郷に帰って行くような軽やかさで、そのまま野川に足を踏み入れた。水に濡れた花嫁はすがすがしかった。

祭りと祈り。水と人とはこうしていつの時代も結ばれていたのだろう。縄文の時代の人々と、いまを生きるわたしたちは、野川の水によって、同じような感情を共有できたのではなかったか。

わたしは野川を撮り続ける意味を、改めて思った。

ここのところ野川にレンズを向ける人々に、よく出合うようになった。いま映像時代のなかにあって、多くの人がそれぞれの想いをフィルムに描き出している。一九九〇年秋、「野川ほたる村」と「ほたるの里・三摩村」が共催して「野川・自然フォトコンテスト」が開かれた。グランプリを受賞した「野川の夏」という作品は、さりげない描写だが、二〇キロメートルたらずの野川の中で、もっともティピカルといえる野川のイメージを捉えていた。その作者が『野川を清流に』(三多摩問題調査研究会の機関誌)の編集者、赤羽政亮さんであることを知ったとき、わたしには納得できるものがあった。赤羽さんはいつも、熱心に都市の水辺を見つめていた。長い年月を通して、心に積った思いが一枚に凝縮されて、そこに投影されていたのだった。

汚れてしまった川を、少しでももとに戻すためには、汚してしまったそれだけの時間をかけて、人はつぐないをしなければならない。手許に残った写真は、いまわたしに向ってそう叫んでいるような気がする。これを書き終えたら、また明日の朝、家人に気づかれないように、そっと床を抜け出して野川に向かおうと思う。もうそろそろ川霧が立つ季節だ。

水五則　（如水　作）

一、自《みずか》ら活動して他《た》を動かしむるは水なり。
一、常《つね》に己《おのれ》の進路《しんろ》を求《もと》めて止《や》まざるは水なり。
一、障碍《しょうがい》に遭《あ》いてその勢力《せいりょく》を百倍《ひゃくばい》するは水なり。
一、自ら潔《きよ》くして他の汚《よご》れを洗《あら》い清濁《せいだく》併《あわ》せて容《い》るるの量《りょう》あるは水なり。
一、洋《よう》として大海《たいかい》を充《みた》し、発《はっ》しては蒸気《じょうき》となり雲となり雪に変《へん》し霞《かすみ》と化し凝《こう》りては玲瓏《れいろう》たる鏡《かがみ》となり而《しか》もその性《せい》を失《うしな》わざるは水なり。

市民運動の道場、野川

――素人の科学を

本谷 勲

野川に清流をの市民運動は、野川に以前の流れを取り戻すことを目標としていたことは勿論のことである。しかし、目標はこれに尽きない。いま、自然における人間の在り方が問われている立場からすれば、野川に清流をの市民運動も運動の主体である参加者にとっては、なんでこの運動をするのか？ この運動を通じて自分は何を追求するのか？ がいつも問われていた、と私は思う。

私は一専門家としてこの運動に参加した。そして初めの頃、痛恨の失敗をやらかした。湧水地点を求め、湧水の状態を調査していた頃、それはまだ、湧水調査班、植生調査班、社会調査班に分化する前のことだったが、専門家気取りの私は水質調査の道具をリュックサックに背負い長靴をはいて、ある湧水のせせらぎにドカドカと足を踏み入れた。「アッ、水を濁さないで」という誰かの叫びで、ハッと気づいたのだが、水源の水を汲むことだけに集中し、私は川を清流にという市民感覚を失なっていたのだった。専門馬鹿をいたく恥じた。こうして「素人が科学する」ことの大事さを考える探求が始まったのだが、私の関わった野川を清流にの復元は勿論のこと、ここに述べるもう一つの追求も、考えてみれば野川を道場として育成されたのであった。

(1) 専門家も素人

私は一専門家と書いたが、歯科医は歯の専門家、弁護士は法律の専門家という意味の専門家のことである。この専門家というのは職業であり、サラリーをもらう分野のことである。その意味では大多数のサラリーマンもまた、その分野の専門家に他ならない。

さて、ここで強調したいのは、歯科医でも弁護士でもサラリーマンでも私でも、専門家として通用するのは、ある極めて狭い範囲のことだということである。対象の分野を限定することが専門家の前提条件となる。限定された分野がすなわち専門分野ということになる。

学問の精密さが要求されるのか、時代とともに専門分野はより細分化されてきている。例えば生理学の専門家などという言い方は専門家の間では冷笑される。植物の生理という

▲湧水周辺の植生調査（1974年5月）

生理学の中の植物の分野でもまだ曖昧であるとされ、植物分野の光合成でもまだ曖昧、光合成の中の明反応を専門に研究している、というくらいで、やっと専門家の間では通用することになる。

だから、自然に対して専門家というのは、自分の専門分野の部分だけを精密に認識するということになる。なるほど、そのような専門家の認識を無数に集めてそれらを総合すれば、人間としては自然の全体の姿を理解することが出来る理屈ではある。しかし、はたして総合することが出来る人がいるだろうか。あるいはこれまでに、そのようにして総合なるものがなされただろうか。そもそも、部分的な認識を寄せ集めただけで、はたして自然全体の姿が把握出来るのだろうか。

ところで時間的にはなるほど専門家として過ごす時間数は多いが、生活のパターンから見ると、たとえば食事にしろ、通勤にしろ、夕方の一杯にしろ、睡眠にしろ、そこは専門家ではない素人としての自分が、生活の圧倒的な部分を占めている、ということを強調したい。

市民運動というのは、食事とか通勤とか夕方の一杯と並ぶ、人間生活の一環であることを思えば、その日常性という普遍的な面と、運動ごとの特殊な重要性の意義を合わせて噛みしめなければならないだろう。そこでは専門家の知恵が重要なことは言うまでもないが、それ以上に、バランス感覚に勝れた素人の知恵が働いていることを見逃してはならないだろう。人間という視点からすれば、素人の知恵は重要な位置を占めているにちがいない。

そして、分業社会から生まれた「科学とは専門家の仕事」という迷信をそろそろ脱却しなければなるまい。科学の歴史の原点に立ち返らなければならない。ルネッサンス期のレオナルド・ダ・ヴィンチを引き合いに出すまでもなく、近代の科学の初期においては、科学者の分野はずっと広い間口をもっていた。

ある意味では科学者の専門が細分化し過ぎたことが、現代の困難な状況を作り出したと指摘されている。そして、財界、政界や官界の権力者は、科学・技術の研究を細分化させ、その中の都合のいい分野を育成することで、科学・技術を支配しようとしている。その行き着く先は、新興カルト集団・オウム真理教に取り込まれた一握りの専門家とあまり変わらないだろう。すでに原爆の開発に協力した科学者、技術者がいた。このような人間の英知であるはずの科学・技術を危険な方向から本来の道につれもどすには、専門家の自覚がなにより重要であろう。しかし、同時に素人の知恵も重要な働きを持つ。

素人の知恵を確かなものとする素人の科学の構築が、いま特に求められていることは、ここまでの論議からすれば自明であろう。

(2) 植物語を志す

さて、素人の科学の例として、既に発表した文章だが、関係がないと思われる部分を省略して、以下に紹介させていただきたい。題して「植物語を志す」……。

「植物語を志す」という言葉は、奇異に聞こえるかもしれないが、奇異でもなければ比喩でもない。タンザニアの生活を知りたければ、人はスワヒリ語を習おうとするだろう。英語でも一応の用は足せないことはないが、生活の機微は掴めまい。いや、肝心の生活思想のようなものが、英語ではすでに別のニュアンスに翻訳されてしまっている筈だ。生態学を含むこれまでの植物学は、いわば英語に当たる。植物の生活、植物の世界を真に理解するには、植物語を身につけなければいけない、と思っているのである。事と次第によっては、スミレ語、タンポポ語、ヘクソカズラ語といった方言までもきわめなくてはならないかもしれない。……中略……

外国語を学ぶということは、外国語を母国語に翻訳するということである。この場合、既成の翻訳体系は無いに等しいから、杉田玄白の「解体新書」ではないが、直接外国語や外国の事物に当たって、考究する他はない。しかも、植物語は事物はあっても、既成の植物語などという言語システムなどなく、人間の言語に翻訳されたものから元の体系を推察せざるを得ない、という事情がある。また、外国語を学ぶ基本は、いちど母国語の文法や考え方をあと廻しにして、まずは相手国語の〝立場〟に身を置いて考えることにあるように、植物語を学ぶ場合も、植物の立場に立って考え、植物の内外を見ることが基本であろう。しかも、植物一般というものは具体的に存在しない。具体的に存在するのは、カタバミとかシロザとかツルボといった種の、しかもローカルな集団である。ここから、植物語は方言から理解するのが順序ということになるかもしれない。

植物の立場に身を置くということは、植物語を理解するためだが、なぜそんなことをするのか、と問われるむきもあるだろう。それについてwollenとsollenに当たる理由をのべておきたい。

第一はwollenすなわち、植物をよく知りたいという直接の動機というものがある。しかし、それならば、既成の植物学だっていいではないか、という反論もあろう。まさにその通りである。既成の植物学といっても、分類系統学あり、遺伝学あり、生理生化学あり、生態学ありでその一分科をきわめることさえ難しいのに、それらのすべてに通ずるのは、無限の彼方にある目標を追うような努力に等しいとさえ言える。植物語などというわけのわからないことを始めるよりは、既成の植物学を少しでも深く、つとめて広く学ぶのが本筋ではないか、という声もありうる。それは間違いではない。精密な、かつ、正確な知識に喜びを感ずる人にはそれが正しいやり方というものであろう。しかし、私はどうもそれが性に合わないというか、それでは不満でさえある。これまでの経験からすると、分科の一つを究めようとすればする程、植物からは遠ざかってしまう気がしてならなかった。

……中略……

なぜ、このようになるのか。それは科学すなわち分科の学の体系がもつ必然性というべきであろう。科学の方法には分析と総合とがあるといわれるが、science の名が表しているように、そして、自然という世界を物理学や生物学として切り分けて理解しているように、科学は対象を限定してなりたつ性格をもっている。対象を切り分けるのは、物理学や生物学という大きなレベルのみならず、生物学以下においてもなお、植物、動物……、組織、分類……と細分化は続いているのである。……中略……

対象からひとつの法則性を切り取る方法は、近代的なすぐれた方法であるにちがいないが、唯一の万能の方法ではあるまい。例えば地域開発にともなう環境アセスメントにおいて、科学的方法なるものが、諸影響を個別に分析し、対象から普遍法則を切り取ることに終始して、普遍の網からもれおちる地域のもつ特性をとらえきれず、結局は地域破壊を導入するような結末に終わってしまっているなどは、近代科学のもつ欠陥の露呈と言えないだろうか。

植物語を介して植物というより植物種をとらえようとする第二の理由はsollenのようなところがある。すなわち、生物界ないしは自然における人類の位置づけ、あるいは人類の存在意義を考察するところからくる当為的な認識に基づくものである。人類が動物界の一員として既往の動物界のひろいメンバーの遺産をひきついだ形でこの世界に出現したこと、また、動物界は植物界と相互連関のもとにこの世界を形成していることは別の機会に述べる。ここでは、あらゆる動物種、植物種のなかで人間だけが思考する精神を持っている一事に注目したい。自然における人類の位置、自然そのものの構成、宇宙の構造とひろがり、さらにその歴史を認識しているのは人間のみである。しかも人間の思考する精神といえども、それらが他の動物と切り離されて単独に存在するものではなくて、基本的には魚類が梯状神経系から脳・脊髄神経系を創出したことに由来している。また、哺乳類や霊長類における脳の発達なしには、人類のすぐれた脳は形成されなかった。思考する精神とはこの脳活動に他ならない。だから一面からすれば人類は自然の歴史的発展のひとつの段階の産物であるが、それは同時に自然が人類を産むことによって、自らを認識したことにもなるのである。

以上のことから結論するならば、物言わぬ動物種、植物種に代って、人間は彼等の存在のあかしを明文化しなければならないのではないか、ということが導かれてくる。人間のみが思考作用をもち、かつ、人間は多くの他の生物に支えられて生きており、さらにまた、過去の他の動物の獲得した遺産によって今日あることを考えれば、この結論は思うに自然のなりゆきというべきではあるまいか。……後略……

(3) 素人の科学の悦楽

堅苦しい論議を長々と再録したので、植物語の成果の一つをご披露しておこう。

カタバミの生活の苦心談である。カタバミという植物は極々のミニアチュアのキュウリのような形をした果実をつけ、熟した果実に触れると、果実に縦のヒビが入り、勢よく種子がとびだすことは、どなたもご存じであろう。よくよく聴いてみると、あのちっぽけな果実は種子を高さにして一メートル以上に届かせるほどの発射力を持っているという。何のためにそんな努力をしているのか？　なにしろカタバミは地面に這うようにして生活しているから、回りはメヒジハにしろ、ヒメムカシヨモギにしろ、ずっと背の高い植物に囲まれている。何かの刺激で種子を勢よく発射させたとしても、種子は回りの植物にひっかかってしまい、裸地に生えていないかぎり、とても遠くへなど飛べはしない。

そうではないのだ。カタバミの種子はとても粘着力があり、指で摘もうものなら、この指から取り去るのに苦労する。別の指で払えばそちらにつく。しかし、この粘着性は一日たつと無くなる。話はこうだ。ケモノなどが通りかかって、熟したカタバミの果実に触れれば、たちまち種子が飛び出して、ケモノの毛にくっつく。一日後にはどこか別の場所に運ばれていて、そこでケモノから脱落する。こんな計算がカタバミにあるらしい。植物語によってざっとこんなことが分かった次第である。方言のカタバミ語を知ればもっと詳しいカタバミの生活苦労を聴くことが出来るはずだ。

最近は「自分史」を書く人が増えているようである。これと並んで「自然史」を書く人が大勢現れてはどうだろうか。「自分史」で描かれる自分は、本人がこれは是非書き留めておきたい自分の姿であるように、「自然史」といっても自然の全歴史を描かなければならないという責任は無い。自分が大切と思う自然の断片を、自分しか知るまいと秘かに自負している自然の一つを描くのである。これこそ素人の科学の悦楽とでも言えるだろう。

都市のあり方を探る

——野川をモデルに社会調査

平林　正夫

一、合意形成は〝本音〟を知ることから

私たちの調査活動は多くの人々の意見を聴くことから始めた。「百聞は一見に如かず」というが、「百見は一触に如かず」の方が正しいのではないか。市民の一人一人に接触していくなかで、色々なことに気づき、実感し、把握することができた。

私たちの活動は一滴、一滴の水が川となり、海につながるという「水系の思想」の原点にたち、連帯を拡げていくことをその方法論に持つ。とすれば、当研究会が川の改修に関わる理念を確立するために個人に対する面接調査から始めたことは当然のことといえよう。

(1) 自分たちの足で

初めての経験のため緊張しながら玄関のベルを押す。中から中年の男性らしい声でこちらの用件を聞く。その声に若干押されて、私たちの会員である調査員が不慣れな口調で「野川に関する社会調査にお願いにきたのですが」とつげる。ドアーは開かれるが、調査相手の表情は堅く、懐疑的な様子。どこの団体が、何の目的で調査するのかを執拗に聴きただす。まるで尋問を受けているようだ。調査員は内心「これはまずいところに調査にきてしまった」と思う。相手にこちらの団体の性格やら、調査結果の活用の方法などを問いただされているうちに、自分自身もそれらのことがはっきりつかめていないことに気づく。会もできたばかりで性格もまだあいまいだ、と感じたり、一市民団体が市民に対して調査する権利があるのだろうか等という疑問さえもってしまう有様であった。それでもにわかじたての調査員は一生懸命、調査の主旨を説明している中に、相手も態度を軟化させ、調査員に協力してくれた。

最終的には「川はドブ川にするのではなく、蘇らせるべきだ。野川もそのような自然と人間の共生のモデルとなるように頑張って欲しい」という激励までうける。調査後に聞くと、この調査地点は道路の拡張計画があり、その調査相手は反対運動のリーダーであった。我々の調査も道路問題の調査ではないかと身構えていたとのことであった。

このことは私たちに、道路拡張と河川改修では、一方は交通網の整備―利便性の追及、一方は災害の防止―自然保護という違いはあるが、そこを立ち退かざるをえない住民にとっては居住権、占有権を脅かされるという点では同じ問題を含んでいることに気づかせた。また、反対に、河川改修反対地域に調査に入った調査員は緊張して一軒、一軒訪問したが、意外と好意的でスムーズに調査ができたとのことであった。

このように私たちは一九七二年（昭和四七年）九月一七日から一九日の間、小金井市内の一五〇人の市民の方々に直接面接してアンケートをとった。それは貴重な資料となっただけではなく、その調査を通して会員一人一人が、自分たちの立場や主張を確認する過程としても欠くことのできないものとなった。

(2) 風景から対象へ

私たちが都市河川のあり方を探るモデルとして取り上げた『野川』は、多摩川水源の一級河川とはいえ、川幅四〜七メートル程の悪臭を放つドブ川であった。国分寺に源を発し、世田谷区・二子橋で多摩川に流入する延長二〇・二キロ、流域面積六九・六平方キロの市民が取り組むには手頃な野の川である。上流部ではぎりぎりまで家が密集し、当然のことのように豪雨の度に家屋浸水を繰り返していた。それは日本のどこにでも見られる典型的な川の都市的風景といえた。

そのような野川を市民運動の対象として位置づけるためには、いくつかのインパクトが必要であった。一つは、行政による野川の水害防止のための改修計画であり、また、それに対する一九六九年二月に小金井市議会の議長に出された住民四〇五人による「野川改修事業変更に関する陳情書」である。この陳情は簡単にいうと「現在の河川敷内で川を深く掘り下げ、蓋をしてその上を歩道あるいは児童遊園地に活用せよ」というものであった。つまり、立ち退きを迫られる住民の「拡幅しなくても流量を増やせる」という代案である。もう一つは死にかけている野川にもたくさんの湧水群と特別な植生があり、なおかつ川のなかに魚がまだ生き続けていると言う事実であった。それは都市河川の多くが源頭水（泉）をなくし、家庭雑廃水でドブ川化し、川が死んでいったという事例とは異なり、川がまだ蘇る可能性を示唆していた。

つまり、野川の改修をめぐって「行政による河川改修と住民の反対運動」、「災害源としての野川と自然としての野川」「川の再生に関する哲学」の問題が浮かび上がったのであった。

常に家屋浸水の危険に曝されている「住民の安全」と人間にとって不可欠な「自然の保護」をどのように両立させることができるのか、その理論的根拠をどこに求めればよいのかが私たちの課題となったのである。その際、まず押さえておかなければならないことは事実を知ることであった。一つは自然の事実、例えば野川の流量、汚れ、泉の所在、その流量、植生などである。このことについては既に『都市に泉を——水辺環境の復活』（NHKブックス）で述べてある。もう一つは住民の意識を知るということであった。このことが住民の合意を形成していく上でも、川の再生の理論を構築していく上でも重要になってくる。

(3) 情報の発信者として

開発を前提とするアセスメント調査や世論を巧みに誘導するための世論調査が横行する今日、住民の側が情報の発信者になることの意義は極めて大きい。新しい河川改修の解決方法は多くの市民が事実を知ろうとし、その事実を調査し、解決するための方途を見出そうとする過程なしには確立できない。つまり、立ち退き住民を含めた広範な市民のそれぞれが川を中心とする自然環境づくり、社会環境づくりを自分の問題として位置づけた時はじめて可能になる。そのためには治水偏重の行政の情報にたよるのではなく、市民自らが事実をつかみ、情報をつくりだす必要がある。

私たちの「水辺の空間を市民の手に」という問題提起はそのような意味がこめられてい

た。その為には客観的な情報を多様な市民の参加をえながら作り出すということが大前提となる。例えば一つは市民による自然調査である。川と共に生活している市民はBODやCODといった科学的な指標を使わなくても、初歩的には川の色、臭、魚の生息状況といった一般的な指標を使って客観的かつ理解しやすく記録することができる。また、学習して科学的な手法を身につければ、日常的に現場にいるので行政が行う調査よりもずっと頻度が高い調査が可能になり、より精度の高い調査になるはずだ。

▲湧水ポイント70ヶ所を調査(春·秋2回を10年継続)

もう一つは河川にたいする哲学、市民改修に対する理念を模索し、市民の合意を形成していくためには歴史的なデータ、と幅広い市民の意見をきくための社会調査が必要である。もし、このような調査を実施し、事実をつかみ、その上で河川改修の方向性を提示できる情報を作ることができたとしたら、行政の立場でも狭い関係住民の立場でもない第三の立場を形成できるのではないかと考えた。

二、調査なくして発言なし

(1) 市民の意識調査の設計と結果

大きく分けて三種類の調査を考えた。一つは改修反対運動の関係住民の聞き取り調査、一つは農家を中心とする川と生活との関わりに関する歴史的な調査、もう一つは自治体全体における市民の意識調査である。まず、関係住民の聞き取り調査と市民の意識調査を平行しておこない、歴史的調査はその後にすることにした。また、はじめに市民各層からの理念の検証をする必要があり、かつ、多くの調査員を必要とするサンプリングによる市民の意識調査に力を注いだ。

この意識調査は小金井市民が野川の改修の理念、方法をどこに求めているのかをあきらかにし、川と人間の生活との関係はどうあるべきか、それを追究するための市民運動の基盤と理念を探ることを主な目的としている。ここでは調査対象者をこれまでの河川改修関係住民に限定していない。それは今までの河川行政が流域の個別具体的な利害関係住民にのみ焦点を当ててきた姿勢とは立場を異にするものである。

川は色々な機能をもっており、治水、利水、親水の機能を総合的に捉え、川を中心とする自然環境づくり、地域づくりを考えるためには市民全体の意見を聴く必要がある。従来のように行政が治水のための改修計画をたてるのではなく、川は市民にとってなんであるかを問いながら市民が計画に参加していっていいのではないか、また、その参加の方法、市民運動のあり方がコミュニティづくりと深く結びついていくのではないか、と考えた。

(2) 市民の川に対する認識

まず、川に対する認識を川の存在、汚れの程度、その原因というかたちで質問した。

Q　小金井の南を流れている野川を知っていますか。
①知っている（六七・九％）　②知らない（二九・四％）　③N・A（二・七％）

市内を流れる野川を知らない人が三〇％弱もいた。これはおそらく生活圏が中央線を境に南北に分割されているためであろう。また、川を市民も行政の側も十分に活用していないことの反映とも考えられた。この調査の後に野川添いに野川公園、武蔵野自然公園またそれらを結ぶ散策路が整備されたので、現在同様の調査をすれば野川に対する認知度はもっと高くなっているであろう。
次に野川の汚染の程度を質問した。六〇%がドブ川、一〇%がどうやら魚のすめる川であると答えている。分からない、知らない三〇%。市民の多数が川としてではなく、ドブとして野川を把握しているといってよい。その原因として九〇%近くが「家庭排水のたれ流し」をあげ、約四〇%が「流域の宅地開発が無秩序」、「川をゴミ捨て場にするから」をあげた。現在は流域下水道が完成し、水量の確保や地域水循環の自立性の欠如などの問題はあるが、水質は以前とくらべてよくなっている。また、親水機能を重視した改修工事が進められたことにより、川をゴミ捨て場にするという理由は出にくいと思われる。

(3) 川とは何か

都市の中小河川を整備する際に、川をドブとみなし、その上部空間を有効利用するのか、川を蘇らせ、自然環境としての川として見直すの二者択一の形で質問した。

Q これからの中小河川の整備を進める場合に、次の二つの考え方があります。あなたはどちらに賛成しますか。

①こんなドブ川のような川はフタをしてしまい、上にできたオープンスペースに公園とか緑化のために木をうえるとか効果的に使用すべきだ。（二四％）
②子どもや孫たちの為にもドブ川をきれいにして魚がすみ、木の葉がかげをおとすような川を中心とした地域開発をする。月にだっていける現代、きれいに浄化された川にだってできるはずだ。（七六％）

その結果は①が二四％、②が七一六％であり、①は主婦層に、②は若い層に若干支持が高いくらいで性別、地域別の偏りはなかった。四分の三の市民が自然環境として川を見直すという意見であることがわかる。①のなかには理想としては清流に戻す方がよいと思うが、それを実現するのは無理ではないか、という意見の人も身受けられた。

(4) 河川改修の理念

自然を守り、自然を復活させる河川改修の方法をとる場合、少数といえども、それによって立ち退きを迫られる関係住民の立場をどう守るかという問題がある。そのためには関係住民の合意を必要とし、それを補償する経済的、社会的裏づけをどうするかが問われる。それなしに、市民の多くが環境としての野川を選んだのだから、それをもって河川改修の理念とするのは一面的といわざるをえない。故鵜飼信成氏（当時・成溪大学教授）は、当研究会が一九七三年に発行した『水辺の空間を市民の手に』で行政学者らしく次の二点を指摘された。「その第一は、理想の都市河川をうみだすために行政の側の責任で捻出しなければならない経費と、これを実際に分担する納税者その他の者への配分の方式である。……第二は、流域住民と他地域の住民の利害の対立が、この案のように処理されることが、高い意味での市民的立場に立っての解決となぜいえるのか、その理論的基礎が明確にされる必要がある。」

三〇年たった今もこの問に対する明確な回答をだすことはできないが、経験則として次のことはいえる。

都市形成の発展途上において、中小河川は排水の道具とみなされ、その周辺は廉価な土地として無計画に開発されてきた。その後、人口の集中が進むと悪臭と降雨時の溢水の問題が深刻化し、河川の改修が不可欠となっていった。典型的な後追い行政である。行政は計画の段階から道路、下水、河川の問題を計画の基本として位置づけ、責任をもって執行していかなければならない。その際、河川を自然環境を守る一つの指標、あるいはシンボルとみなすと同時に市民にとっての憩い空間、災害時の避難空間として計画化することが大切である。はじめから経済的な裏づけがない場合には、用途地域の指定等で具体的に将来展望をだしながら、理念提示をしていく必要がある。方法としては、それぞれの時点での社会的要請、経済力にあわせて、その理念が実現できるようにエコサイクルを破壊しない河川改修を進めていくべきであろう。

それらの計画がなされないで開発が進んだ場合は、それぞれのケースで異なる。基本は河川の復元力の可能性である。次のような条件がある場合には、経済的負担がかなりあろうとも行政が責任をもって自然環境を重視した河川改修を進めるべきであろう。まず、池や泉などの源頭水があること。次にそれらの水を確保できる保水機能をもつ緑地があること。最後に河川の周辺にまとまった空間が確保できること。また、今後は雨水や下水の処理水の利用、緑地の再生等も考慮にいれる必要がある。

それぞれの必要量については検討の余地があるが、環境が悪化し、経済的には余裕ができた現在では、その可能性が少しでもあるものについては市民の環境権を保障しうる河川改修が優先されるべきであろう。それに伴う立ち退きの問題は、勿論、道路と同じように行政が責任をもって実施すべきである。理念が明確で、経済的な保障があれば、立ち退きの問題なども道路拡張で生じた多くの経験に学びながら解決していけるのではないだろうか。

三、住民の論理と市民の論理

(1) 解決のための組織

川の汚染や氾濫をどのような方法で解決するのが最も有効かという問に対して約五〇%が「直接、市役所、都庁などの関係機関を通して」をあげ、二〇%程度が「地区会、町内会、自治会を通して」をあげている。一〇%弱が「議員や地元有力者を通して」、「みずから解決のための運動の組織づくり」をあげた。市民が主体的に取り組むという姿勢はまだまだ乏しかった。もう一歩ふみこんで運動組織の問題に的をしぼってみた。

Q　それでは、これからの川の汚染や氾濫の問題を解決してゆくのに次のような意見があります。どの意見に賛成しますか。

①住民が新しい団体をつくって生活環境を良くするために市民運動を展開すべき。（三二%）

②地区会、町内会、自治会のような団体が主体となり、生活環境をよくするために活動する。（五〇%）

③国や地方公共団体にまかせる。（一四・三％）
④どちらともいえない。（三・六％）

ここでは地縁組織としてある既存の団体を中心に運動をすすめようとするのか、新しい市民組織を志向するのかを問うた。結果は地区会、町内会等既存組織が五〇％、新しい組織志向が三二％であった。新しい市民組織を志向する人が約三〇％いたことは既存の町内会や自治会に対する批判と捉えることができ、主体的な力として評価できる。特に、女性の市民組織志向が六〇％を超えていることは特筆に値する。また、このような市民運動に参加しようと思うかという問に対して、①積極的に参加したい（一一・一％）②求められれば参加する（三〇・五％）③直接参加しないが、支援する（五五・五％）という結果であった。

この調査をした時点では、伝統的な組織よりも新しい組織の方が可能性があるという認識があった。しかし、その後の活動のなかで、大切なことは、新しい組織づくりと、伝統的な組織とがそれぞれの長所をいかしながらどう連帯できるかであることが判った。後述する分水路問題は自然科学や法律の専門家をメンバーにもつ市民運動組織と住民組織とが共闘した貴重な体験である。それは、共通の願である人間と自然の共生の復活を確認しつつ、科学的な知識や情報をもつ新しい組織と伝統的な団結力と行動力をもった住民組織とが結び付いた好例となった。

両者の連携が「求められれば参加する」、「直接参加しないが、支援する」といった潜在的参加者層に対しての影響力が倍増するのであろう。その力が問題の解決にとって大きな力になるにちがいない。

(2) あらたな地域連帯への模索

野川は小金井市から三鷹市に流れているが、その境近くに、直径一メートル以上もある下水道管が大きな口をあけている。この小金井の下水管は、生活廃水を川にたれ流すという無責任さと、小金井市にとっては、最も下流で流すという地域エゴイズムのハケ口である。野川は下流で仙川と合流、BOD二三・二PPMまで汚染され、多摩川汚濁の最大原因とみなされていた。

川はいくつかの自治体にまたがって流れている。当然、水質改善の問題や、河川改修の問題は単一自治体では解決ができない。そこで、他の自治体との協力、連携の問題が生じてくる。そこで、次のような質問をしてみた。

Q　野川を魚の生息する清流にするには上・下流（国分寺、小金井、三鷹、調布、府中、狛江の各市、世田谷区）との協力が必要ですがどの方法が良いとおもいますか。
①水域市区の合併（一四・二％）
②水域市区の協議会の設立（二八・五％）
③水域市区の組合の設立（一四・三％）
④都市連合（各市区の独立を保持）（八％）
⑤都行政施策の強化（二五・九％）
⑥わからない、無回答（九・一％）

新しい概念として「都市連合」を入れて設問してみた。これは他市と連携する場合、最も単純であるが、それぞれの独自性を無くしてしまう「合併」に対置するものとして、各市区の独立を保持しながら効果的に機能する方法として考えられる。実際にサンフランシスコの沿岸自治体が協同して大気汚染防止のために特別自治体（サンフランシスコ地区港湾局）をつくり、関係各自治体の不動産税の一割を財源とし、公害対策の独自の権限を持たせているという事例がある。

調査結果では方法として現実性の高い②協議会の設立と実際に権限を持つ⑤都行政施策

武蔵野の清流この手で

グループで観察、市民啓発

読売 49.7.23

◇行政のプロが積極的に…

東京・小金井市に「三多摩問題調査研究会」という市民グループがある。リーダーは二人の都職員で、多摩川の支流「野川」の浄化運動に取り組んでいる。「河川に清流を」の運動は全国的に盛り上がっているが、このグループの特徴は、行政のプロが積極的に身を投じていることで、運動に必要な知識、情報の収集が容易で早い。さらに、徹底した啓発活動と繰り返し行う実地調査。都市河川の荒廃をハダで知り、荒廃を放置した行政に理論で立ち向かうことが出来る。市民運動はどこまで科学的になれるか、これからの自治体職員はどうあるべきか——二つの意味でこのグループの活動は注目され、運動の成果が期待されている。

野川は、国分寺市恋ヶ窪に源を発し、大岡昇平が「武蔵野夫人」の舞台にした武蔵野台地の段丘崖（だんきゅうがい＝通称ハケ）に沿って小金井、三鷹、調布市を貫流、世田谷区で入間川や仙川と合流して多摩川に注いでいる。延長二十・二㌔、川幅五㍍前後の小河川。他の都市河川同様ドブ川化しているが、ひと昔前までは、ハケのわき水を集めた清流だった。

二年前の夏、その野川べりを歩いていた都公害局監察係長矢間秀次郎さん（三三）は、悪臭と中性洗剤のアワの中で飛びはねる小ブナの集団を見つけて驚いた。「初めは小ブナの生命力に感動した。そのうちに、この川が多摩川を汚し、東京湾を死の海にしていることに気づき、りつ然とした。次に、完全に死んだと思っていたこの川が、まだ呼吸していることを知り、息を絶えさせてはならないと思った」。

この驚きがグループの誕生となった。当時矢間さんは、小金井司法研究会という組織に入っていた。身近な自治体問題に関心を持つ"法律家"を育てるのがこの会の目的で、野川浄化は格好の"材料"。会員に呼びかけ、早速グループを作った。名称は「野川の浄化は野川だけにとどまらない」という考えから、広く三多摩問題調査研究会とした。矢間さんに共鳴して、都広報室勤務与川幸男さん（三三）も参加した。

◇ロマンに根ざす"反暗きょ"論

グループは、まず野川に対する市民の意識調査を行った。同市全域から無作為に百五十人の市民を選び、直接面接して調べた。その結果、六〇％の市民が野川は「すでに死んだ川」と考えているが、八三％は「生き返らすべきで、そのための浄化運動が必要」と訴え、七六％が「川にフタをする暗きょ工事は反対。元のままの姿に戻して欲しい」と願っていることがわかった。こうしてグループは、運動の具体的な目標を①暗きょ化反対②公共下水道の早期整備③コンクリート張り改修反対、に定めた。

"反暗きょ"の考えは、グループの運動を支える最も特徴的な思想。目で見、耳で聞くせせらぎがなくては人間らしい生活は営めないというロマンに根ざしている。要するに、"臭いものにフタ"式の川を死んだまま閉じ込めるような画一的で技術万能のこれまでの安易な河川改修計画に"待った"をかけようというのだ。これらの主張は「水辺の空間を市民の手に——水系の思想と人間環境——」と題した論文にまとめられ、専門誌の懸賞論文に入選した（四十八年二月）。

ここまでは、運動はまだ一部の"意識集団"のものだった。横の広がりを持ち、文字通りの市民運動に発展したのは、戒能通孝都公害研所長（当時）、檜山義夫東大名誉教授らの寄稿を得て、この論文を二万部自費出版、二百五十円の定価をつけて本屋に並べてから。売り上げが活動資金となると同時に、流域の各市で連続して自主講座を開き、市民に参加を呼びかけて野川観察会、湧（ゆう）水池調査を催した。

◇しつこく、入念な自主講座

自主講座は、昨年三月からすでに五回を数える。一回を三、四週の日曜日に分け、最初はスライドを使って野川の現状を紹介、次は数字を駆使して各種の分析データを発表、その次にグループの運動、思想を語るというように、しつこく、入念なのが持ち味だ。観察会も昨年八月からもう三度。毎回六、七十人が参加している。川の汚れをその場で測り、川石をめくって水中生物を、湿原に分け入って植物を調べ、そして"汚染の元凶"排水口を目で確かめる。湧水池調査では、かつて六十三か所もあった湧水池（四十三年、自治省消防研調べ）が今では五十二か所に減り、湧水量も一日一万五千㌧から六千五百㌧に減っていた。

十数人でスタートしたグループは、今は五十人の大所帯。会員は中学生から小金井市夜間警備員まで幅広い。昨年八月の野川観察会に参加、高校一年の長女と一緒に入会した主婦馬場伸子さん（三九）（稲城市坂浜八一六）は「自分の手で調査し、ハダで感じとっていく運動に共感を覚えた」と語る。

また、矢間、与川さんは「場合によっては"内部告発"をしなければならないこの運動を始めるのは、正直いって勇気がいった。が、運動を進めているうちに、積極的に住民の中に身を投じることがこれからの行政マンの生き方だと確信するようになった」と"告白"する。

グループは今、小金井市で六回目の自主講座を開講中、二十八日には四回目の観察会を予定している。また、ハケ一帯を保護地区に指定する運動を始める方針で、目下プロジェクト・チームが、自然の保護と回復に関する都条例による指定が有利か、都市緑地保全法による指定がいいか、得意の情報、資料収集機能をフル回転させて検討している。（湯川秀夫記者）

野川観察会（小金井市中町で）。「河川の荒廃をハダで知る」——これが三多摩問題調査研究会のモットー

読売新聞記事（1974.7.23）

の強化が二五％を越えている。また、われわれが提起した「都市連合」の概念はまだまだ市民には理解されていないことがわかった。「分からない」、無回答が一割近くもあったことからわかるように、この時点では他市との協力、連携の方法まで具体的に市民の論議にのぼったことがなかったのであろう。

一九八〇年代後半から九〇年になってやっと野川流域の五市（国分寺、小金井、調布、三鷹、狛江）一区（世田谷）の各行政部局の担当部長による話し合いがもたれた。一方、流域の様々な団体が中心になって「野川シビック・サミット—野川は一本」というような市民レベルでの連帯の運動も盛り上がりつつある。そのような具体的な諸活動を通して連携のあり方が模索されていくのであろう。

調査後、約二〇年を経て、やっとその端著についた。

シルバー世代の生き方とミニコミ
――現場で老いを磨く

赤羽　政亮

一、三多摩問題調査研究会との出会い

(1) 野川で泳ぐ

一九八八年一〇月初めの蒸し暑い日のことであった。私は三多摩問題調査研究会主催のフォーラム「水の時代をひらく」の打合せのために狛江市に向かっていた。途中、世田谷区の成城と喜多見の間で野川を眺めてから、電車で狛江に行くつもりであった。これまでに何回もきたところだが、その年は夏から秋にかけて雨が多かったためハケの湧水が多く、野川も例年になく水量が豊かで安心して川を眺めることができた。

神明橋までくると、子供達が川の中に入って遊んでいる。カメラを手に近づいていくと、

その中の二人が突然シャツを着たまま泳ぎだした。バタ足の水しぶきを上げて上流へ、下流へと泳ぎまわる。思いがけなく野川で泳ぐ子どもの写真が何枚も撮れて私は大満足であった。やがて泳ぎ疲れたか、あるいは寒くなったか少年達は川から上がり、私も狛江へ急いだ。川に入っていた子供達が泳ぎ出したのを目の当たりにして、私は計らずも、郷里の天竜川の支流で泳いだ子供の頃の自分達をここに見る思いであった。

▲多い降雨量で湧水量が増え天然プールに

(2) 石神井川から野川まで

都内では珍しい自然が残っている野川を知り、その保全に努力している人達のことを知ったのは、一九八六年の秋であった。

その前々年に、私は長年勤めた大学を定年退職し、世田谷区の老人大学社会コースに入学した。二年間の修学年限もあと半年になり、そろそろ修了のリポート作成にとりかかる頃で、これまで眺めてきた都内の中小河川の現状をテーマにしようと考えていた。石神井

▲1976年4月自費出版

川から始まって順次南下し、仙川、野川へと写真を撮りながら歩いてきた。今も水が流れている川、草に埋もれ溝に変わって顧みられなくなった水路、さらには埋められて緑道という名の道路に変わり、残された桜並木に往時を偲ぶものなどさまざまであるが、東京の中小河川は軒並み惨憺たる姿であった。

そんな中でたびたび野川を訪れるようになり、四季折々の風物の中に生きている野川を見ると、東京にもまだ川が残っていたとの感を深くしたものである。改めて野川のことを調べてみようと、小金井市や国分寺市の図書館を訪ね、地域資料のコーナーを中心に見て歩いた。そして出会ったのが三多摩問題調査研究会発行の『野川流域の自然』と題する調査研究資料であった。地道な調査結果を報告にまとめていくこの会のいき方に、堅実なボランティア活動の進め方を見たように思った。

(3) 入会

私はこのとき七二歳になっており、ボランティア活動で環境問題に取り組むには年を取り過ぎているように思った。しばらく迷ったが思い切って会に連絡したところ、直ぐに返事が来て、参加希望の趣旨を書いた小文と自己略歴書を求められた。その秋に発行された機関誌に、新会員の自己紹介としてこの小文と略歴が顔写真をつけて掲載され、初めて全会員に紹介された。「写真を通して川を見つめる――残された日々の生きがい」がその時の私の小文のタイトルであった。

それから年数が経った今も、写真機を担いで川辺を歩き廻るのが私の大切な仕事であるが、老妻や子供達から「危ないからあまり川ふちをうろつかないでくれ」と注文をつけられている。入会と同時に機関誌の編集に参画し、働き盛りの人達や子供を連れて参加の主婦達に混じってお手伝いをしてきた。

二、機関誌編集委員の活動を通して

(1) 機関誌『野川を清流に』

一九七三年に一頁のミニコミとして発行された機関誌は、一九七五年には仙川分水路工

（1）研究会情報第76号　野川を清流に　1995. 3. 31

野川を清流に

発行・三多摩問題調査研究会／〒184 小金井市中町2の5の13／上掲写真・尾辻直人くん

市民運動の道場、野川
―「素人の科学」を育む―

文・本谷　勲　絵・木村　秀夫

野川を清流にの市民運動は、野川に以前の流れを取り戻すことを目標としていたことは勿論のことであるが、自然における人間の在り方が問われている現在、この運動も運動の主体である参加者にとって、なんでこの運動をするのか？　この運動を通して自分は何を追究するのか？　がいつも問われていた、と私は思う。

私は一専門家としてこの運動に参加した。そして初めの頃、痛烈な失敗をやらかした。湧水地点を求め、湧水の状態を調査していた頃、それはまだ、湧水調査班、植生調査班、社会調査班に分化する前のことだったが、専門家気取りの私は水質調査の道具を背負い長靴をはいて、ある湧水のせせらぎにドカドカと足を踏み入れた。「アッ、水を濁さないで」という誰かの叫びで、ハッと気づいたのだが、水源の水を汲むことだけに集中し、私は川を清流にという市民感覚を失なっていたのだった。専門馬鹿をいたく恥じた。こうして、「素人が科学する」ことの大事さを考える、探求が始まったのだが、野川に関わった私の清流の復元は勿論のこと、その他のもう一つの追究も、野川を道場として育成されたのであった。

私は一専門家と書いたが、歯科医は歯の専門家、弁護士は法律の専門家という意味の専門家のことである。ここで強調したいのは、歯科医でも弁護士でもサラリーマンでも私でも、専門家として通用するのは、ある極めて狭い範囲のことだということである。時間的にはなるほど専門家として過ごす時間数は多いが、生活のパターンから見ると、たとえば食事にしろ、睡眠にしろ、通勤にしろ、夕方の一杯にしろ、そこは専門家ではない素人としての自分が生活の圧倒的な部分を占めている、ということだ。

市民運動は、食事とか通勤とか夕方の一杯と並ぶ、人間生活の一環であることを思えば、その平常性と重要性の意義を噛みしめなければなるまい。そこでは専門家の知恵以上に素人の知恵が働いているはずであり、人間という視点からすれば、重要な位置を占めていることを思い起こしたい。

そして、分業社会から生まれた「科学とは専門家の仕事」という迷信をそろそろ脱却しなければならない。素人の知恵を確かなものとする素人の科学の構築が、いま求められていることを強調したい。それは素人と専門家の共同の作業となることは間違いない。（元会長・東京農工大学名誉教授）

※絵は多摩川水系「秋川の春」。

▲『野川を清流に』終刊号、1995年3月発行

事の阻止、滄浪泉園の保全という、会の歴史の中でも特に活発な運動を展開した時期に入って四頁建になり、翌年の第二八号からそのタイトルを「野川を清流に」とした。

その後、一九八五年の第五五号から頁数を増やし、発行部数も増えた。同時に、発行経費を賄うために協賛広告の掲載をとり入れた。またこの年には、松江市で第一回水郷水都全国会議が開かれるなど、国内の環境保全活動を進めているグループ間の交流が盛んになっていった。私が入会したときは、三多摩問題調査研究会は一五年余続けてきた住民運動の成果を、一冊の本（注1）にまとめ一つの段階を終わる時期であった。そして、会と会員たちはこの実績を基にして機関誌の

頁数と発行部数増やし、外部のグループとの交流と連携を深めていった。また、第五八号から第一面に多摩川水系のデザインを刷り込み、多摩川水系を源流から射程に入れた活動であることを示した。

『野川を清流に』は一九七八年発行の第五九号から、B5判一二頁で七〇〇〇部発行が基本になった。これを広く市民に無料で配布するため、次のような工夫をした。

①流域都市の地域的要素を盛り込んだ特集号の形をとる。

②特集地の首長に寄稿を依頼し、機関誌配布に協力してもらう。

③協賛広告を掲載する。

以上の三点は本会機関誌発行の特徴と考えられるので、以下に詳しく説明したい。

(2) 機関誌発行の仕組み

①特集号の設定

野川流域の市・区などを順次に取り上げる。例えば調布特集第六〇号では、第一面のエッセイは「野川流域をあるく⑤」として、調布市在住の大岡信氏の「深大寺周辺を移り住む日々」を載せ、同じ紙面に木村秀夫画伯の深大寺付近の絵を入れる。更に、調布市長・吉尾勝正氏の「わが街と野川」と題する小文を最後の頁に掲載する。この他に、調布市の文化施設として武者小路実篤記念館の案内記事を掲載。第六四号から特集を多摩川水系に拡げて水系の思想を明らかにした。このため第一面のタイトルが「わがまちの水と緑」に、首長のエッセイも「わが街と○○川」に変わった。

特集号とする目的は、市当局と市民に地元の川を通して環境保全に一層の関心を持ってもらうよう願うことである。

②機関誌の配布

首長を訪ねて寄稿を依頼するとき、同時に機関誌の配布につき役所の協力をお願いする。七〇〇〇部の約半分を特集地で配布したい。そのために市役所、公民館、図書館、支所や出張所など公共施設にまとめて置いてもらい、多くの人が自由に無料で手にすることが出来るようにする。近年は、環境問題に積極的な関心を示される首長が多く、いつも快く依頼に応じてもらうことが出来た。機関誌の印刷発行の経費が増大するなか、郵送費を極力節減しなければならない。

この他に、その号の広告主にまとまった部数を届け、その配布は一切お任せする。またこれまでの協賛広告先、一般の購読者、いろいろな形でお世話になってきた方々にも直接または郵送で届ける。

③協賛広告

既述のように第五五号（一九八五年）より始めた広告の掲載は、終刊（一九九五年）第七六号までの間に二三四ヵ所、三三〇件に達した。協賛を得た先は第一表に示すように多岐にわたっている。出版社（三六）は裏表紙の二段広告、その他は中頁の一段広告を原則とする。表中下段のものは各地区のデパート、スーパー、様々な会社や個人店舗から成っている。

機関誌発行の大部分の経費はこれら協賛広告の収入で賄われ、会にとって大切な協力者である。このため、当会主催や共催の水環境関連のフォーラムなどの集まりの場に、良書普及運動の一環として協賛いただいた出版社の書籍を持ち込んで普及に当たる。

また、会員が二、三名順番に担当する公開

第1表　“野川を清流に”の協賛広告（No.55〜No.76）

	広告主数	件数	備考
出版社	36	75	
書店	20	24	
学校・研究所	12	13	
神社・仏閣	15	19	
金融機関	8	17	
NTT	3	4	
小計	94	152	
上記以外のもの			
多摩川水系	115	145	2区15市2町
荒川水系	20	27	5区3市1村
利根川水系	2	3	1町
その他	3	3	1区1市
小計	140	178	
合計	234	330	

のミニ講座では、協賛店のお菓子を接待に使う。その他種々の会合や打合せには、協賛店のレストランや喫茶室を利用させてもらうなど、末永くお付き合い出来るよう心掛けてきた。機関誌の送付を続けるのも同じ趣旨からである。

(3) 協賛広告をもらう

①初めての経験

三多摩問題調査研究会に入会し、機関誌の編集に参画した私の仕事は、通常の編集業務の分担と協賛広告確保の一端を受け持つことである。B5判一二頁の機関誌七〇〇〇部の発行費は五〇万円近くになる。会員の原稿には取材実費だけが支払われ、外部の方にも薄謝しか呈上できなくても、印刷、製本、発送に多くの経費がかかる。

ミニコミの中には、経費の軽減と読者との心のつながりを大切にするために、手書きや手刷りの方式が採られているところもある。しかし、『野川を清流に』では以前から印刷を採用してきた。私が編集に携わったのは、第五八号（一九八六年）からで、会が発足してからやがて一五年を迎える頃であった。当初から会の推進に努めてきた会員達が協賛広告の大部分をこなし、私は補助者として加わったわけである。

これまでに経験したことがない広告取りを受け持つに当たっては、自分の気持ちの整理が必要であった。会社や店の担当者に面接を求める前に、一呼吸入れて自分自身に言い聞かせるような気持ちになった。その後訪問の回数を重ねたが、この気持ちはいつも心のどこかに残っていたように思う。

私が担当したのは特集地域での広告で、初対面の方に会の実績、機関誌発行の趣旨、特集号の意味と内容、発行部数と配布方法などを説明する。その際、既刊の機関誌とこれまでの協賛広告先の一覧を用意して理解を深めてもらう。会の活動や機関紙発行の趣旨に賛成でも、訪問の時期が適当でなかったり(例えばお祭の後など)、PR効果と広告料金の関連などから断られることが多い。広告が貰えずに辞去するときは、案外さばさばした気持ちになっている。応対された方がよく話を聞いてくれ、環境問題への関心が確実に深まっていることを実感できるから。

広告を貰えた場合は、広告原稿を手にするまで足を運び、依頼者の希望通りの仕上がりになるよう努力する。

②さまざまな対応

電力、ガス、NTTなど公共のサービスを建前にしているところは、その地域の代表的な企業であるが、最近はその公共性が強調されて、環境問題に関心を持つ特定の人を対象にしたものへの出費には応じ難いとの方針のようである。環境は総ての人の問題と認識してもらえなかった。表中のＮＴＴの分は以前に協賛してくれたものである。

都市銀行はお互いに申し合わせて、このような広告には応じないが、信用金庫にはこれまで度々お世話になっている。地域との共存をますます大切にする必要があるからであろう。

ある会員は冷淡な金融機関から即座に預金を解約したが、相手への抗議の気持ちからであろう。お寺は宗派によって対応が異なるが、神社を含めて住職や宮司に会って話すことが出来れば、耳を傾けてくれ、昔の状況などを語ってくれることが多い。

地元の私立大学や有力会社には寄付の依頼が多いことと思われるが、訪ねると中に通され総務・広報の方などが応対される。こちらの説明を熱心に聞き、会の性格や思想的背景、会誌の配布方法などを細かく聞かれる。

近頃はどこの街へ行っても大型のスーパーが進出していて買い物客で賑わっている。店長さんを訪ねるのだが、店内の誰もが忙しく働いていて、事務室の所在を尋ねるのが悪いような気がする。通常、事務室は客の目の届かない奥にある手狭な部屋で、売り場本位の姿勢を目の当たりにする思いである。店の規模によって店長の権限に違いがあるようだが、後日の返事を待つことが多い。

③長年にわたる信頼関係

私が担当した協賛広告は特集地のもので、いわば初めてのところである。従って、得られる広告の件数は土地によって変動する。年に二、三号の機関誌を発行していくためには、かなりの数のものが別途安定的に確保されないと困る。それには会の実績が評価されることが何よりも大切である。また、長年会の活動を推進してきて、多くの人々や企業、店舗との幅広い人間関係を持つ会員達の個人的な信頼関係によらなければならない。ミニコミ活動を進めていく上で学んだことである。

三多摩問題調査研究会の運動がまあ順調に発展、継続してきたのは、機関誌の発行そのものが目的ではなく、環境問題など野川を中心に据えた運動が目的であり、その手段の一つとしてボランティアで機関誌を発行し続けてきたことによるものであろう。これは外部からの批判でもあるが、機関誌発行に携わってきたものとして傾聴すべきことである。

三、シルバー世代の活性化のために

(1) 高齢者の生涯学習

①老人大学で学ぶ

近年、退職者などに対する高齢者教育が盛んになり、多くの道、府、県や東京都の特別区で老人大学が開設されている（注2）。

カリキュラムはさまざまであるが、一般教養と専門科目（文化、歴史、生活、福祉、園芸など）とからなり、二年制のものが多い。私が学んだ世田谷区の老人大学は社会、生活、文化の四コースからなり、授業と体操の組み合わせで週一日、午前午後二時間ずつ、年間三〇週で二年間の課程であった。

私は社会コースに入り、新しく一般の社会学を勉強するつもりであったが、授業は老人を対象にした内容が主で、いささか期待に反するものであった。しかしここでは、経歴の異なる老人同士（入学資格は六〇歳以上）が何十年か振りに机を並べて授業を受け、グループ別の討論で意見を述べ合ったり、一緒に体操に励んだりした。老年期に、元気で学習意欲の盛んな多くの仲間を得たことは、私にとって誠に貴重な収穫であり、老人大学修了後も共に学習する付き合いが続いている。

②高齢者の大学入学

近年、アメリカでは大学で学ぶ老人が増えてきているという。以前、主婦の大学入学ブームが起こったが、次にやってきたのが老人の大学入学ブームであるといわれる。主婦の場合は、ウーマンパワーの圧力が功を奏した結果だが、老人の場合は入学人員を増やすためにむしろ大学側からの働きかけがあったとされている（注3）。

わが国でも大学入学を志望する若者の数の減少が指摘されており、アメリカと同様な事態が起きることが予測される。ただ、日本の大学は入るに難しく出るに易しい。大学側が思い切って、幅広い社会人入学への道を開かないと、高齢者の大学進学は困難である。

今までの高齢者教育の学習内容は、過去に蓄積された知識の吸収を偏重してきたが、今後は、現在の知識の共有に努め、さらに知識の供給だけでなく、それを獲得するための意欲と技術とを身につけさせる学習を認めなければ成らない。そうすることによって、実際の地域社会参加に役立つような積み重ね型、または問題解決型の学習ができるようなプログラムを開発、導入することが可能になる。

高齢者教育が、地方自治体による老人大学の域を出て、大学をはじめとする高等教育機関の教育活動の中に定着することが必要となろう（注4）。

(2) ミニコミの役割を生かそう

①環境保全のボランティア活動へ

従来から種々のボランティア活動は、老人の社会参加の主要な分野であった。その場合、グループで参加することが多いが、ここでは個人で参加する場合について考えてみる。

環境保全のためには、さまざまなグループがボランティア活動をしているから、自分が関心を持つものに入り、自分なりに取り組んでいく道は広い。個人で新たな世界に入って行くにはそれなりの決意や勇気が必要だが、いざ入ってみると年齢、経歴、生活などが違う人達が暖かく迎えてくれる。環境問題は皆の問題であるし、住民運動に携わる人たちの中には、いろいろな人の立場や考えを大切にすることを学んだ人が多いからであろう。

ボランティア活動においては、ミニコミは自分たちの考えを世に問う手段であり、また、広く同様な感心を持つ人人とのコミュニケーションの場である。ミニコミ＝反体制という構図は老人には親しみ難いところであるが、元来、ミニコミは単に反対を叫ぶものであるよりも、どうすればよいと考えるかを提示するものであるとの認識が大切であろう。例えば、河川の自然環境の維持や保護を進める上で、近代技術万能の河川改修は好ましくない。それに代わるものを求めていくと、案外古くから行われていたものが再び脚光浴びることが多い。しかし、昔と今とでは河川を取り巻く状況は異なっている。解決策をどう見いだして行くか、長い年月を経験してきた者として世代の異なる人達と、知恵を出し合ってみることも良いであろう。

②高齢化社会を対象とするミニコミ

今日わが国では多数のミニコミが発行されている。全国的にこれを収集することは難しいが、丸山尚氏らの住民図書館（二〇〇二年に閉館し、その志を埼玉大学社会共生研究セ

第2表　ミニコミ（560誌）の主対象の分類（＊）

文化	地域文化の保存	17	行政	市民参加・知る権利	9
自然	一般	32		行政監視	11
	特定水域	22	批判	反行政	24
保護	エコロジー	8	地域	地域運動	29
環境	騒音・粉塵	5	連帯	ネットワーク作り	18
	広く生活環境	25	女性	解放・男女平等など	6
反核	反原発	24	問題	女性の眼を通して	18
反戦	反戦平和	34		学校教育	16
	合成洗剤・農薬	19	教育	特に身体障害者	2
公害	重金属・廃棄物	4		一般教育・社会参加	14
	特定の公害	16	裁判	裁判闘争支援	18
生活を	生活の中で	6		再審反論訴訟	13
	消費者として	21	訴訟	反死刑	3
まもる	リサイクル	9	情報	一般	19
医療	医療	18		特定対象・特定地域	30
	職業病・難病	6	民権	民族問題	9
医薬害	薬害	7	人権	部落・アイヌ問題等	12
弱者	身体障害者など	15	宗教	宗教	5
	老人・交通遺児		天皇制等	靖国神社・君が代	6

注（＊）　丸山尚編著：「ミニコミ」の同時代史の全国ミニコミ一覧より（1985年）

ンターが継承した）がこれに取り組んでいる。第2表は同氏によるわが国ミニコミ一覧（注5）から私が分類したものである。

表にみるように高齢化社会を直接対象にしたものは極めて少ない。これまでは、高齢者がさまざまな面で社会から遠ざけられる方向に視点が向けられがちであった。漸く最近になって、社会に迎え入れることの可能性について考えられるようになったばかりである。この問題は、全国的なものであると同時に地域と密接な関連を持つ。高齢者の幅広い社会参加を進める上で、同じ立場にある人達と連携を密にすることが大切である。今後、ミニコミが役割を果たすべき大きな分野であろう。

参考文献

注1、本谷勲編・都市に泉を―水辺環境の復活（NHKブックス）

注2、小西康生編集・老人の社会参加（中央法規出版）

注3、袖井孝子著・定年からの人生―日本とアメリカ、改訂版（朝日文庫）

注4、原田正二編著・シルバー・コミュニティ論（ミネルバ書房）

注5、丸山尚編著・「ミニコミ」の同時代史―全国ミニコミ一覧つき（平凡社）

水の輪

●●●分水嶺を越えて

休日を憩う：『生きている野川　それから』より

野川は一本

――環境保全と流域連絡会への期待

小倉　紀雄

一、水と人間活動の関わり

生命は約三六億年前、地球上の水たまりの中で生まれ、その後、進化をくりかえし人間が誕生した。水は私たちの日常生活や地球の気候緩和に欠くことの出来ない重要な存在である。しかし、人間活動の増大とともに、地球上の水の循環のバランスは崩れ、各地で水質汚染の問題がおこっている。

筆者は一九七四（昭和四九）年四月より、東京農工大学に勤務し、野川など都市河川と深く関わりを持つようになり、水循環・水質汚染の実態と人間活動の影響について調査・研究を行ってきた。都市化とともに河川環境が変化して行く中で、それを保全し修復するためには市民・行政との対話と協力が重要であることに気づき、ユニークな活動を続けている三多摩問題調査研究会に一九八八年に入会した。

本節では主として筆者の体験をもとに水循環・水質と人間活動の影響について都市小河川の一つである野川を例にして述べ、水環境保全のための具体的方法について考えてみたい。

(1) 水の重要さ

水は分子式$H^{2}O$で表現され、分子量一八の単純な物質であるが、多くの特異的な性質を持っている。

蒸発熱は液体の中で最大（四・五キロカロリー／モル）で、生体内に蓄積された熱は汗により対外に放出され体温が一定に保たれる。比熱は液体の中で最大（約一カロリー／g／℃）で、地球の気候緩和に役立っている。表面張力も液体の中で最大（七二・八×一〇$^{-5}$N／cm）で、高い木の梢まで水や養分が運ばれ、土壌中に水分が保持される原因となっている。このような物理化学的な特性の他に、水は精神的な機能を持っている。すなわち、水は私たちに清涼感、柔らかさ、広がりなどの感覚を与えてくれ、また水辺は釣り、水浴、観光などレクリエーションの場として役立っている。

私たちは身近に存在する水の重要性とありがたさを改めて考えてみる必要があろう。

(2) 水の循環

海や地表から蒸発した水は雨となり再び落下し、循環をくりかえしているが、人間活動の影響により水循環のバランスが崩されている場合がある。

都市郊外では森林の伐採により、森林土壌の保水能力が低下し、洪水や渇水の原因となる。都市では宅地、舗装道路などの増加により雨水の土壌浸透量が減少し、地下水位の低下や湧水量の減少が認められている（図1）〔＊1〕。

また、異なる水系からの上水の導入により水循環のバランスが崩れ、水質汚染が水資源としての価値を低下させている。

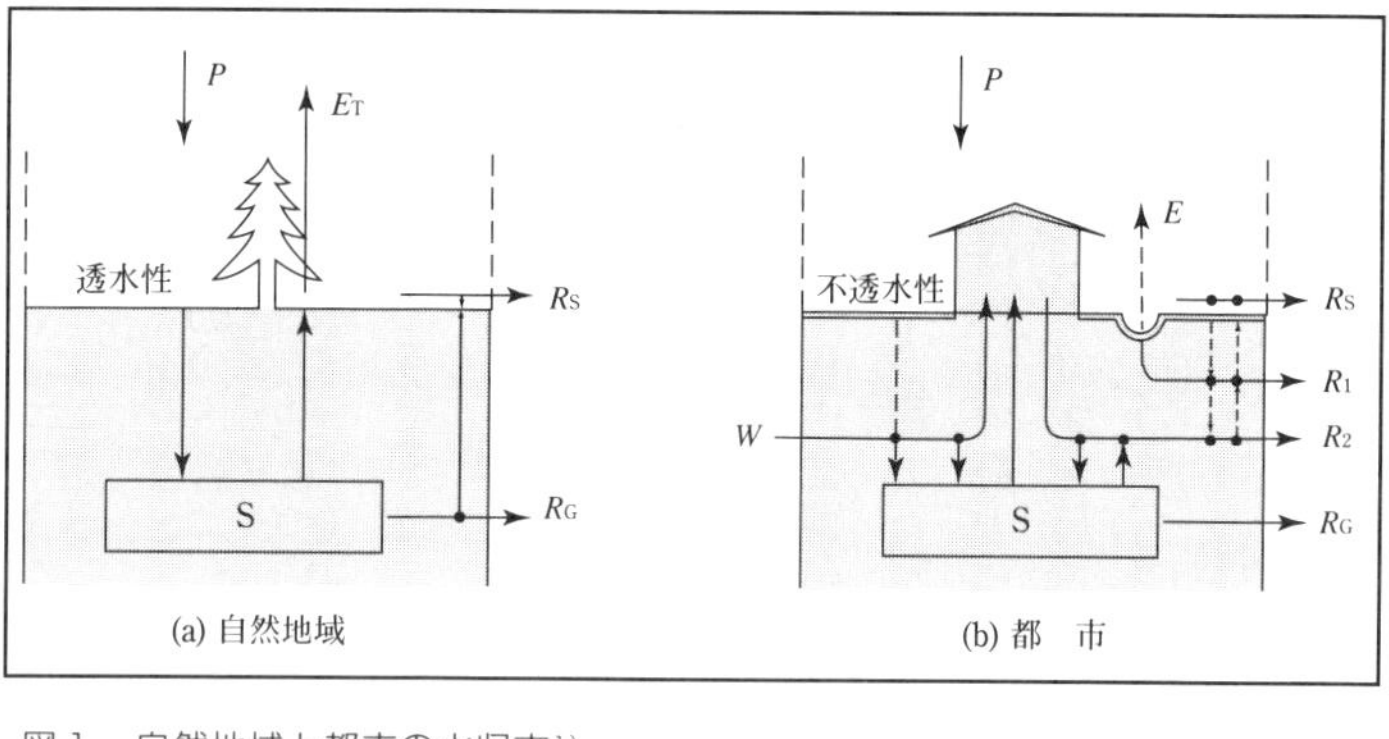

図1　自然地域と都市の水収支[1)]

P:降水、R_S:表面流出、E_T:蒸発散、E:蒸発、S:地下水、
R_G:地下水流出、R_1:雨水の排水溝、R_2:下水道、W:用水の導入

(3) 水資源と水の使用量

わが国の降水量は年間一五〇〇～一八〇〇mmで諸外国に比べ多いが、人口一人当たりの年降水量は約五一〇〇㎥(トン)となり、世界平均値(約二二〇〇〇㎥/年/人)の約一/四に過ぎない〔*2〕。

人間一人一日当たりの水使用量は二〇〇ℓ程度であるが、一九二〇年頃には、一三〇ℓ前後であった。近年、水洗便所、電気洗濯機、風呂が各家庭に普及し、水を多く使用するようなライフスタイルに変化したのである。

地球上に存在する水と利用できる水資源の総量は一定であり、今後人口が増加すれば、一人当たり利用できる水資源の量はさらに少なくなる。したがって、雨水を土壌に浸透させ地下水を涵養・利用すること、水を再利用すること、節水することなどにより、貴重な水資源を有効に利用する必要がある。

(4) 水の汚れの原因

水の汚れの原因には、生活排水、産業排水、農業排水、家畜排水および大気降下物などが考えられる。これらの中で、大規模な工場、事業所などの産業排水は法的規制により対策が講じられており、生活排水による汚濁負荷の割合が大きくなっている。

例えば、東京湾地域におけるＣＯＤ発生量（二六三トン／日；一九九九年度）のうち、生活系六八％、産業系二〇％となっている（環境省、二〇〇二年）〔＊3〕。

日常生活において一人一日に排出する有機汚濁量（ＢＯＤ）は約四三ｇであり、そのうち生活雑排水による汚れは七〇％を占め（図2）、その五五％は台所からの炊事排水である（図3）〔＊3〕。今後、人口の増加に伴い、汚濁負荷量は増加するので、台所からのゴミの減量も含め、排水の適切な処理対策が重要である。

二、都市河川の実態

三多摩問題調査研究会では発足当初の一九七〇年代に、すでに「水辺の空間を市民の手に」と言うテーマで運動を展開していた。〔＊4〕一九七〇年代に野川周辺も都市化の影響を受け、川は汚れ、大雨が降るとしば

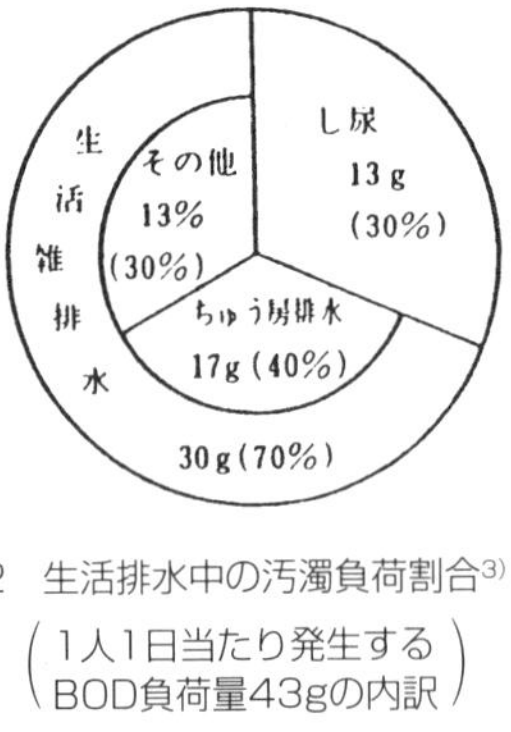

図2　生活排水中の汚濁負荷割合[3)]
（1人1日当たり発生する BOD負荷量43gの内訳）

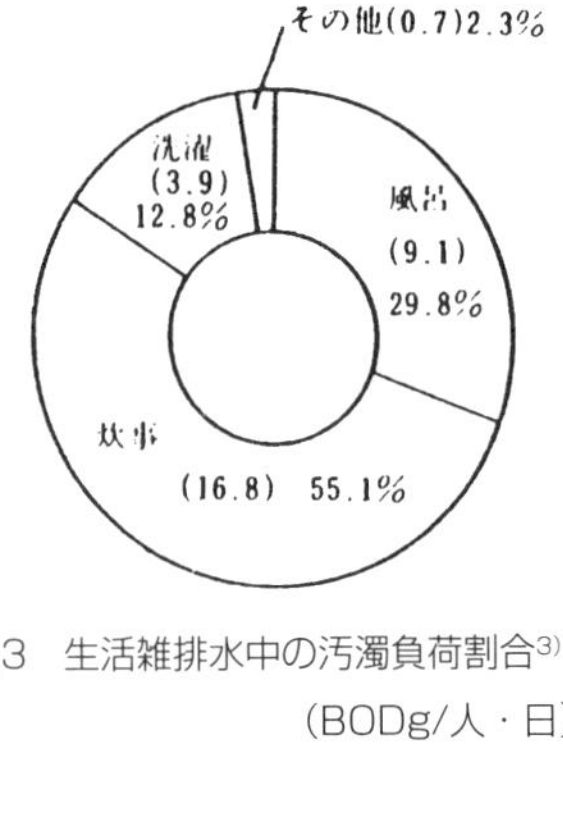

図3　生活雑排水中の汚濁負荷割合[3)]
(BODg/人・日)

しば氾濫をおこした。そのため、東京都ではコンクリート三面張りの河川に改修を行っていた。

これに対し本研究会では、このような改修は本来、川の持つ生態学的機能を損なうものであり、市民参加により水辺空間を求めるべきであると主張した。このような発想は現在も生きており、さらに多くの人たちに受け入れられるようになった。

本節では、水量、水質、水辺環境にいろいろな問題点を含んでいる都市河川の実態について述べる。

(1) 水量・水質・水辺環境の変化

都市中小河川の水量・水質は変動しやすく、下水道が整備されていない地域では家庭からの排水は側溝などを通り数時間後に河川へ到達する。したがって、河川水質には生活様式に対応した時間変動が認められる。

季節による変化をみると、梅雨や台風時には流量が大きく、汚濁物質は希釈され濃度は小さいが、冬季には流量が小さく汚濁物質濃度は大きい。河川敷の様子も夏季と冬季で全く異なる。また、水質は経年的にも変化する。これには流域における人口増加、下水道の整備、土地利用の変化などが影響している。

以上のように都市河川の水質、水量などは変化しやすいので、長期間（少なくとも一〇年程度）監視し続けることが重要である。

先に述べたように、都市中小河川では、大雨で増水したとき、水を下流に出来る限り早く流すためにコンクリート三面張り、直線的に改修されている例が多い。しかし、このような河川は水や水中の成分を下流に運搬するだけであり、汚濁物質の浄化にあまり寄与していない。治水面を重視し、かつ自浄作用を生かした水辺環境を作ることが重要であり〔＊5〕、親水性のある多自然型川づくりが全国の河川で試みられるようになった。

(2) 野川の水量・水質・水辺環境

野川は国分寺市にその源を発し、国分寺崖線からの湧水を集めながら、小金井市、三鷹市、調布市、狛江市、世田谷区を経て多摩川に流入する典型的な都市河川である。途中、世田谷区内で仙川が合流する。野川と仙川の概況は次の通りである（東京都環境局、二〇〇一年度）〔＊6〕。

野川：延長　二〇・二km、流域面積　四六・三km²、流域人口　四四万人
下水道普及率　九九・五％、ＢＯＤ排出負荷量　〇・一トン／日
仙川：延長　二〇・九km、流域面積　一九・八km²、流域人口　二一・九万人

下水道普及率　一〇〇%、　ＢＯＤ排出負荷量　〇・一トン／日

①源流湧水の水質

野川の主な水源は国分寺市恋が窪の日立中央研究所内からの湧水や国分寺市東元町の真姿の池湧水などである。

私たちは一九七五年から真姿の池湧水の調査を継続して行っている〔＊5〕。湧水量は降水量と良い対応を示し、三～二〇ℓ／秒であったが、年々次第に減少する傾向が認められた。また国分寺崖線からの湧水には涸渇するものもあった。湧水量を確保し、野川の水量を増加させるためには崖線上部集水域の緑地を増やし、雨水浸透ますを設置し、雨水を出来るかぎり土壌に浸透させるなど総合的な環境保全対策が必要である。

真姿の池湧水の水は一見、非常にきれいであり、環境庁選定の名水百選の一つに選ばれ、多くの人たちに親しまれている。しかし、水質は必ずしも良好でなく、とくに硝酸性窒素濃度が大きく、六・五～九・一mg／ℓであった。これは生活排水の土壌浸透の影響であると推定されている〔＊7〕。

また、これら湧水や周辺の地下水中にトリクロロエチレンなど揮発性有機塩素系化合物の存在も認められ〔＊8〕、集水域の土地利用と人間活動が水質に大きな影響を与えていると考えられる。

②水質の経年変化

多摩川合流点前のBODの経年変化（図4）をみると、一九七六年に二二mg／ℓとピークが見られたが、その後徐々に低下し水質は良好になっている。これは下水道の普及の結果であり、現在、野川流域の下水道普及率はほぼ一〇〇％に達している。しかし、仙川は下水処理水の影響でBODはやや高く、また全窒素濃度は一一・六mg／ℓ（年度平均）と高く、処理水の水質改善が課題である。

③源流から下流までの水辺環境の変化

野川の水辺環境は源流から下流まで様々に変化し、周辺住民や行政の野川に対する関心や取組みも異なっている。

- 源流付近：真姿の池湧水群は環境省名水百選の一つであり、多くの人たちに親しまれ、付近は散策の場となっている。

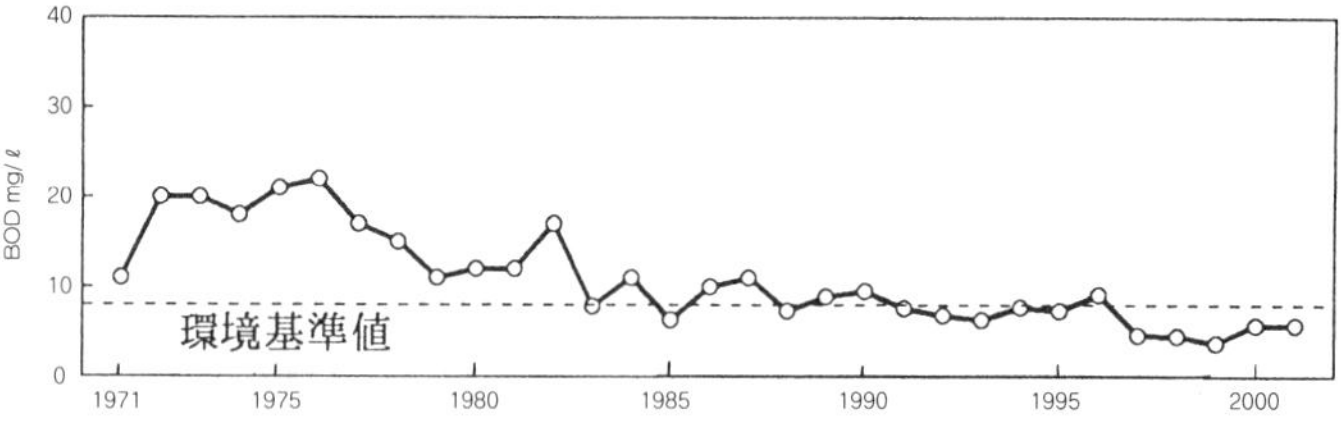

図4　野川（多摩川合流地点前）のBOD経年変化[6)]

● 上流付近：国分寺市、小金井市内の住宅密集地帯を流れ、川幅は狭く、コンクリート三面張りになっている。
● 中流付近：都立武蔵野公園の北側、野川公園内を流れ、自然状態が残っている。
● 下流付近：再び住宅密集地帯を流れる。川幅が広がり、川はフェンスで遮られ、水辺に降りられないようになっている。しかし、調布市内で「いこいの水辺整備事業」が実施され、水辺に近づき易いように改修されたところもある。
● 多摩川合流地点付近：河川敷が広がり、公園もみられる。礫間浄化施設が設置され、水質浄化が行われている。

それぞれの地域に適した水辺はどの様なものか、源流から下流まで実態を観察すると興味深い。

三、水辺環境保全と市民参加

最近、市民とくに主婦のグループによる水質の測定や浄化の試みが行われるようになった。野川流域でも、水辺環境保全のために、地域住民と行政が協力し様々な試みを行っている。

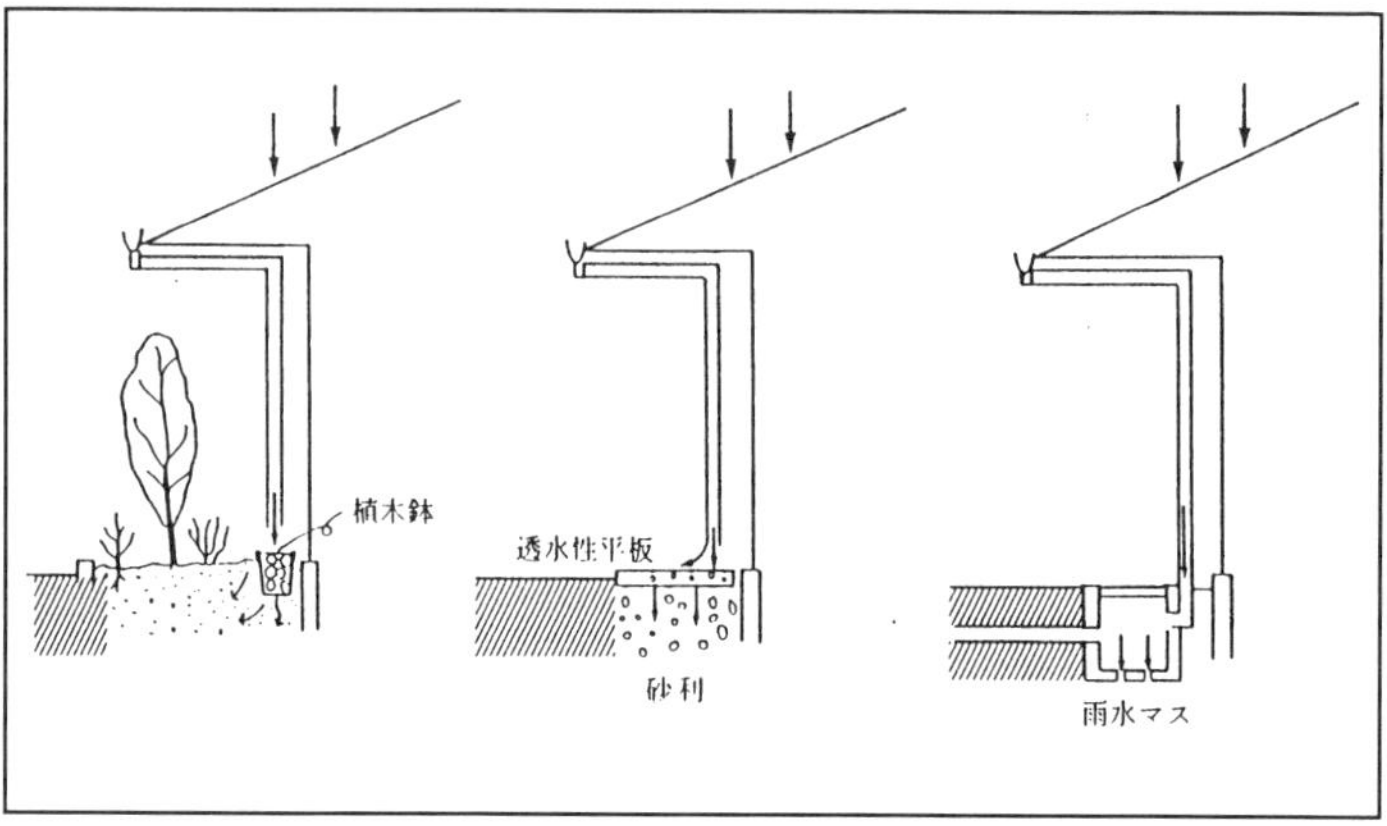

図5　簡易浸透施設の例[8]

(1) 雨水浸透設備の設置―湧水の復活

雨水を地下に浸透させることは湧水を復活させるために有効な方法である（図5）［＊9］。

小金井市では地下水を涵養し、湧水を復活させるため雨水浸透設備（浸透ます）の設置を進めている。一九八九年一二月末まで一六〇〇基が設置され、その当時の市全域の浸透係数は、〇・四〇五となり、設置されていない場合より〇・〇〇八大きくなると試算された（小金井市、一九九〇）［＊10］。現在、浸透ますは四一八〇〇基以上に増加しているが、市内の全屋根に設置した場合、浸透係数は〇・五四四となる。しかし野川の水量を冬季でも十分に確保するため（水深一〇cmを維持する）には、浸透ますの設置だけでは十分でなく、緑地、農地など浸透性面積をさらに増加させる必要がある。このように地下水を涵養し、湧水を復活させるために有効な方法を市民も考え、行政とともに快適な水辺環境を作って行くことが大切である。また、上流の国分寺市との協力も必要である。

(2) 身近な川の水質調査と浄化の試み

①「浅川地区環境を守る婦人の会」の活動

市民による水質調査と水質浄化の試みの発端になったのは「浅川地区環境を守る婦人の会」(以下「婦人の会」)の活動であった。

「婦人の会」では、簡易水質測定法(パックテスト)〔*11〕を用い、小仏川、南浅川など一八地点で水質調査を始めた。一九八四年八月より毎月一回、雨の日、雪の日も続けられ一年間行われた。その結果、南浅川に流入する下水の水質が最も悪く、それが河川水質に大きな影響をあたえていることがわかった。

汚れの原因を明らかにするため生活排水に関するアンケート調査を行った。流域の全世帯の五三%に相当する二八五一世帯から回答を得た結果、家庭雑排水の七六%は未処理のまま側溝を通し河川に流入し、河川を汚す大きな原因となっていることが明らかにされた。

水質調査とアンケート調査の結果、生活排水が川を汚している主な原因であることを知った「婦人の会」のメンバーは自ら出来る汚れの浄化について検討を行った(加藤、一九

▲野川での水質調査、川原にテントを張っての24時間調査

八八）〔＊12〕。

木炭が悪臭や汚れを除くことは古くから知られており、その木炭を用いて水質浄化を試みた。杉浦銀治さんの指導と協力により、木炭一二〇kgをこぶし大に砕き、玉ねぎの入っていたあみ袋につめ、汚れの最もひどい側溝に長さ一〇m以上にわたり設置した。

その後、木炭による浄化効果を調べるため、定期的に水質を測定した。約一か月後には下水臭が少なくなり、アンモニア濃度も減少する傾向が認められた。

木炭は大雨で増水したときに流されて少なくなったので、「婦人の会」では杉浦さんの指導によりドラム管を利用した炭焼きを始めた。炭焼きに用いた材料は雪で倒れた杉や廃材などであり、手作りの木炭を水質浄化に用いる大変ユニークなシステムが作られた。

②市民と行政の協力による活動

小金井市では市民と行政が参加し、「小金井市の環境をよくする連絡会」が結成され、

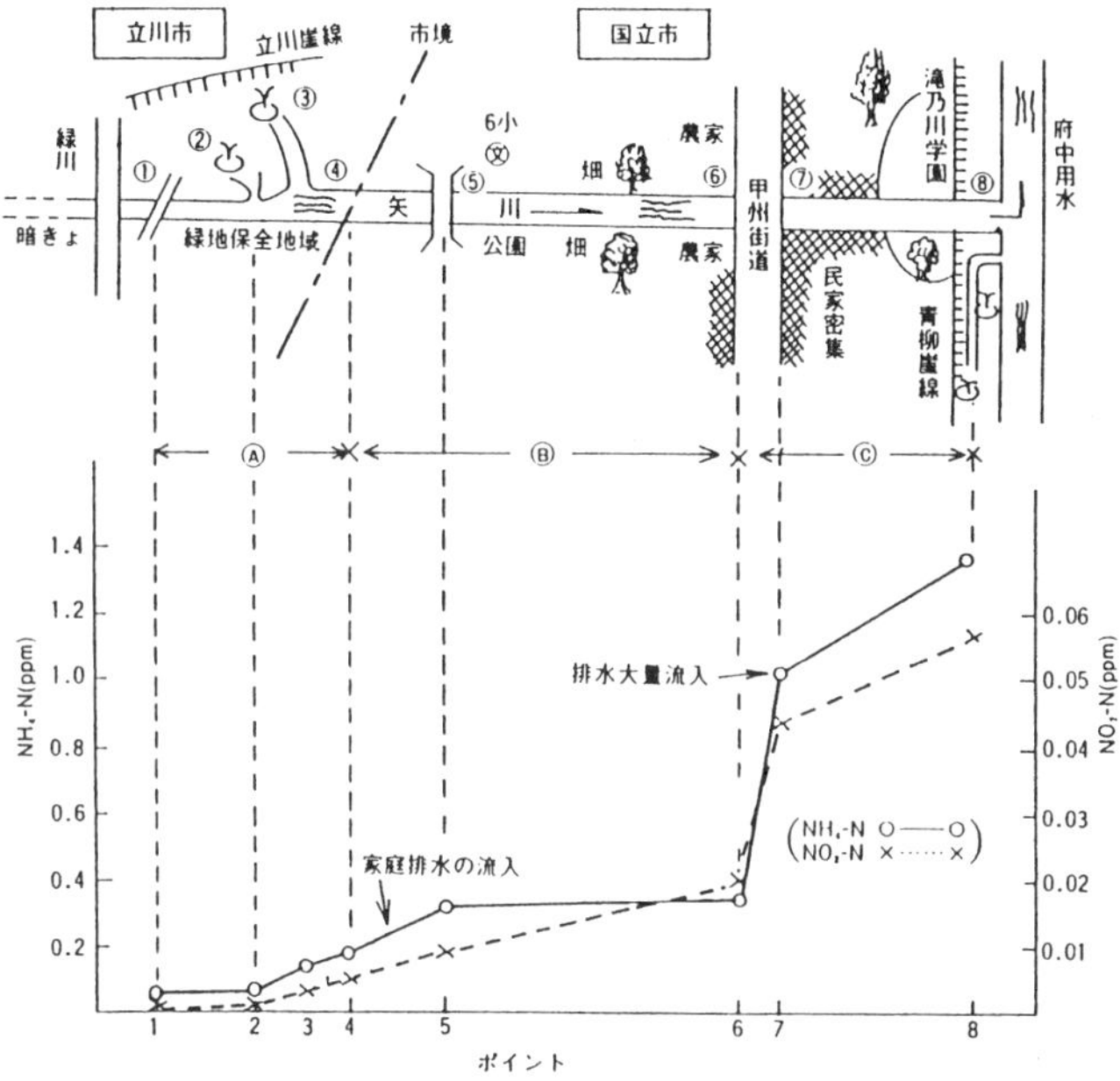

図6　水質と地域の土地利用にみる矢川の区分[13]
NH_4－N_3、NO_2－Nの年平均にみるポイントごとの変化
（1989年1月〜12月）

様々な活動を行ってきた。一九八九年六月八日、この連絡会が中心となって、野川、浅川、多摩川など一八河川、一一八地点において、身近な川の一斉調査が行われ水質（COD、アンモニア性窒素、亜硝酸性窒素など）の測定と汚染マップの作成が行われた〔＊13〕。その後も毎年六月初旬の日曜日に一斉調査が行われるようになり、二〇〇三年には一五回目を迎える。日曜日には子供達も

一緒に参加でき、環境教育としての意義も大きかったと考えられる。広域の水質汚染マップにより、河川の汚れの状態が一目で分かる。さらに汚れの原因を明らかにし、対策を考えることが、水質改善や水辺環境保全につながるだろう。

③ 矢川における水辺環境保全の活動

「北多摩二区・生活者ネットワーク」グループは立川市、国立市を流れる矢川の水質と流量の調査を一九八六年五月より毎月行った(図6)。水質調査と同時に矢川周辺の聞き取り調査を行い、過去の矢川の姿と変遷、矢川と人間との関わりについて明らかにした。また、身近な水源である地下水の重要性を訴え、水循環のある街づくりを進めるなどの活動を行った〔*14〕。

四、望ましい水環境の創造と管理
……総合的な環境保全対策の必要性

河川環境を考える場合、水の流れている部分と河川敷だけでなく、背後の集水域(流域)を考慮する必要がある。集水域の土地利用や人間活動が水量、水質に大きな影響を与えるからである。さらに、いくつかの流域を含む広い地域における水の循環を考える必要もある。例えば、野川は多摩川に合流し東京湾へ流入するが、東京湾流域は一都三県、七五〇〇㎢に達し、そこには約二六〇〇万人の人びとが居住している。本研究会が主張しているように、関連する地域が一つになり、上流と下流の問題を考え「都市連合」を作り、より良い環境を求めて行く必要があろう。〔*15〕

▲飛翔　やまべ橋付近：『生きている野川　それから』より

野川は五市一区を流れているが、野川とその流域の環境保全に対する姿勢は各行政により異なっている。そのため、一九八九年五月、「野川流域環境保全対策協議会」が結成され、総合的な河川の環境

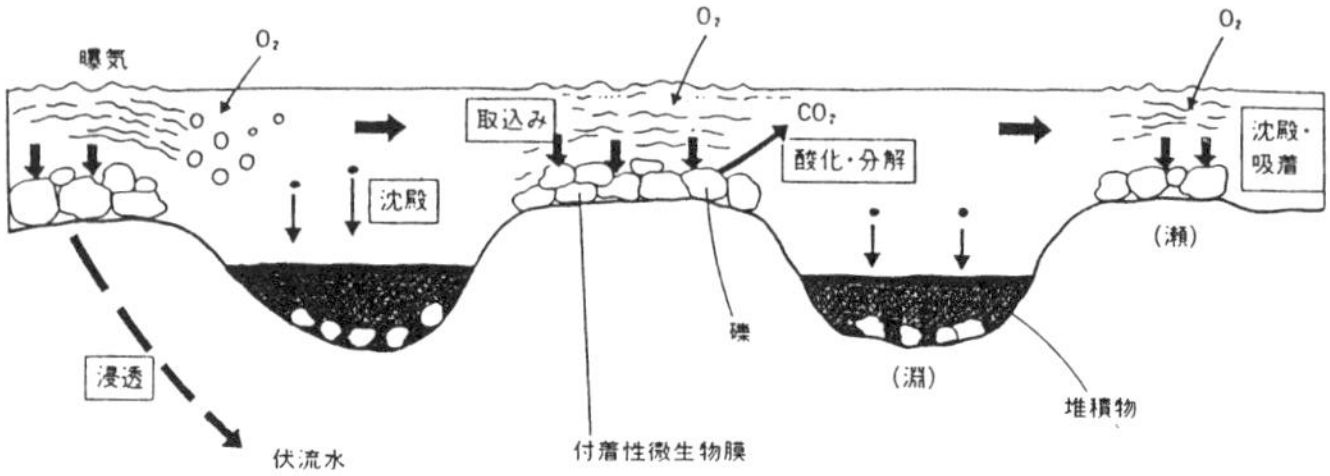

図7　河川の自浄作用の概念図[10]

保全対策を考え、実施することになった〔＊16〕。そして、二〇〇〇年八月に流域の市民と行政が協働し「野川流域連絡会」がつくられ、活動を行っている。このような流域連絡会のなかで地域住民が主体的になって活動し、快適な水辺環境を作って行くことが大切である。

望ましい水環境として次のような条件が考えられる。

①安全な水辺

大雨が降っても氾濫しないような安全な水辺。

②豊かな水量

水量を確保するためには、流域の緑地保全などの対策が重要であり、また、雨水浸透ますを設置し、雨水を積極的に土壌浸透させる。これらの結果、地下水が涵養され、洪水の防止にも役立つ。

③良好な水質

野川流域では、下水道がほぼ整備され水質は改善されたが、家庭で汚れをできる限り削減することも大切である。また水路や河川では自浄作用、即ち生態系機能を十分に活用できるような水辺を作る(図7)〔＊11〕。

④生物の生息できる水辺

生物の生息できる多自然型の川であり、地域の自然・社会・歴史にあった水辺を作る。望ましい水環境を創生し、管理して行くために市民と行政が協力し、長期間の環境モニタリングを行い、ネットワークを広げていくことが重要であろう。

ミシガン大学スタップ教授は世界各地の河川を調べ、国際的ネットワークにより情報を交換し、地球市民としての意識を広げようとするＧＲＥＥＮ(世界河川の環境教育ネットワーク)プロジェクトを提案している。〔＊17〕また、地球規模の環境問題である酸性雨は国境を越え、数百キロも長距離輸送される大気汚染物質に基因し、欧米では森林や河川・湖沼へ大きな影響を与えてきた。

このように、河川の環境問題はその流域のみを考慮するのではなく、広い地域さらに国際的な視野にたって考え、解決していく姿勢が重要である。

「足下での実践活動が地球規模の環境問題の解決につながる」と言う考え方を理解し、市民と行政が協力し、環境保全のために積極的に行動することを提案したい。

参考文献

〔＊1〕新井正（一九八七）：都市の水文環境・共立出版
〔＊2〕国土交通省土地・水資源局・水資源部編（二〇〇二）：平成一四年度版日本の水資源（水資源白書）・財務省印刷局
〔＊3〕環境省編（二〇〇二）：平成一四年度版環境白書・ぎょうせい
〔＊4〕三多摩問題調査研究会野川問題研究班（一九七三）：月刊「地域開発」一一ページ
〔＊5〕小倉紀雄（一九八九）：アメニティを考える（AMR編）・未来社
〔＊6〕東京都環境局（二〇〇二）：平成一三年度公共用水域及び地下水の水質測定結果
〔＊7〕吉田和宏、小倉紀雄（一九七七）：地球化学　一一巻四四ページ
〔＊8〕加藤寛久、小倉紀雄（一九九〇）：水質汚濁研究　一三巻、四四九ページ
〔＊9〕東京都環境保全局（一九八七）：個別住宅における雨水浸透の手引き
〔＊10〕小金井市環境保全課（一九九〇）：小金井市水域環境保全調査報告書
〔＊11〕小倉紀雄（一九八七）：調べる　身近な水・講談社
〔＊12〕加藤文江（一九八八）：水質汚濁研究 11巻、14ページ
〔＊13〕小金井の環境をよくする連絡会（一九八九）：身近な川の一斉調査結果報告書
〔＊14〕上原公子（一九九〇）：公害と対策　一六巻、六五二ページ
〔＊15〕本谷勲編著（一九八七）：都市に泉を・NHKブックス
〔＊16〕野川流域環境保全協議会（一九八九）：本当のアメニティとは何か（AMR編）・合同出版
〔＊17〕GREENプロジェクトワークショップ資料（一九八九）

公共工事をめぐる住民運動
——地盤強固剤汚染の差止を求めて

丸井　英弘

一、仙川分水路工事のあらまし

仙川とは、東京小平市を水源地として、野川の北側を並行状態で流れ、世田谷区内で野川に合流する全長約二〇キロメートルの河川である。仙川は幅員が二メートル未満のものが多く、かつ屈曲が多いクランク状河川である上に、昭和三〇年代以降の宅地開発のために河川に近接する家屋に対する浸水被害が多発していた。

この河川の浸水被害の緊急対策として行政が考え出したのが、洪水時の仙川の流水の内、毎秒約二〇トンを小金井市内で南側に並行して流れている野川へ放流するための仙川小金井分水路計画である。

「地盤凝固剤」法廷に
小金井市住民が仮処分申請
中毒死の疑い主張
地下水汚染 工事中止求む

工事中止しない
都は強硬

朝日新聞夕刊記事（1977.2.23）

この分水路は、都道と市道の地下一三～一五メートルに内径二・八メートルのコンクリート管を一八九七メートルに渡って建設する工事で総工費二七億八〇〇〇万円であり、一九七四（昭和四九）年一二月に着工し、一九七七（昭和五二）年三月末完成予定であった。

工事はシールド工法と呼ばれるトンネルを掘り進めつつ管渠を埋設するという方法をとっていたが、その管渠を設置する深さが湧泉や家屋の井戸の水源となっている帯水層（武蔵野れき層）の中にあった。そのためトンネル内に湧出する大量の湧水を揚水しなければならない。これを抑えるためにトンネル内の気圧を上げて止水する圧気工法と地盤を固めるために約七〇〇〇〇キロリットルもの大量の地盤凝固剤を注入する薬液注入工法が予定されていた。

この分水路工事は、一九七五（昭和五〇）年四月八日に地盤凝固剤が民家の庭に噴出するという事故が起こり、更に同月二八日には小金井市東町の八ヶ所の井戸水が白く濁ったり、池の魚が死亡するという事故が起こったため、翌五月一日にその工事が停止された。

しかし、その後、東京都公害監視委員が仙川の洪水も「公害」であるとし、その被害に比べれば、反対住民の主張する環境保全は「住民エゴ」であるとして、計画を一部変更の上、工事は再開されるべきとする見解を表明したため、一九七六（昭和五一）年一〇月一一日から本格的に工事が再開された。

その後、一九七七（昭和五二）年三月一七日に東京地方裁判所八王子支部がなした裁判の結論が出るまでの間工事を一時的中止せよとの勧告にもかかわらず、工事を強行し、翌一九七八（昭和五三）年三月三一日に仙川分水路は完成した。

二、工事差止の仮処分を請求

(1) 裁判提起に至る経過

仙川分水路工事は、地盤凝固剤による井戸のうち汚染事故などのため一九七五（昭和五〇）年五月一日より停止していたが、一九七六（昭和五一）年一〇月一一日にその工事を

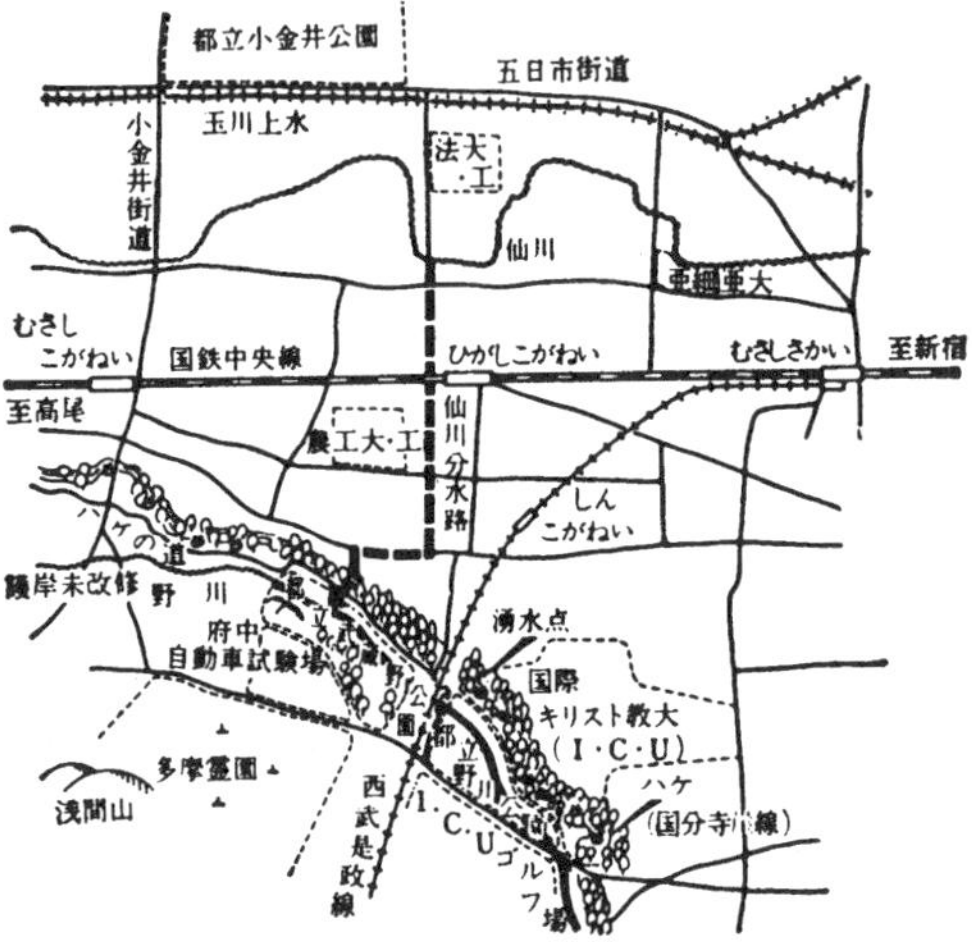

住民の反対意見を無視して東京都は強行的に再開した。

しかし同年一〇月二一日反対運動のリーダーで井戸水を日常的に使用していた田代仁氏が、凝固剤によるものと疑われる溶血性貧血症のために死亡するという事故が起こったため、反対住民たちは裁判もやむをえないと考え、一九七七（昭和五二）年二月二三日東京地方裁判所八王子支部に工事差止とすでに注入された凝固剤の撤去を求める仮処分申請を行なった。

この裁判で住民たちは、人格権・環境権・地下水保全権と行政手続の違法・不当性を主たる争点とした。

(2) 裁判の結果と問題点

一九七七（昭和五二）年七月二〇日東京地方裁判所八王子支部は仮処分申請を却下した。

住民たちは、この決定を不服として抗告したが、東京高等裁判所はほぼ同様の理由で一九七九（昭和五四）年二月二八日抗告を棄却した。

裁判所の判断で重要なのは次の諸点である。

①行政手続の違法性について

違法性の有無のみを争点とする客観訴訟は認められないとの理由で、何らの検討を行なっていないということ。

②環境権・地下水保全権に対する理解が全くないこと。

③凝固剤の人体に対する危険性についての高度な挙証責任を住民側に課した。

④地下水位図のデータの偽造問題についてこれを無視したこと。

三、工事差止裁判を検証する現代的意義

司法および行政の役割を問い直すことに尽きる。

日本は、法治主義の国といわれる。この意味は、国家のあ

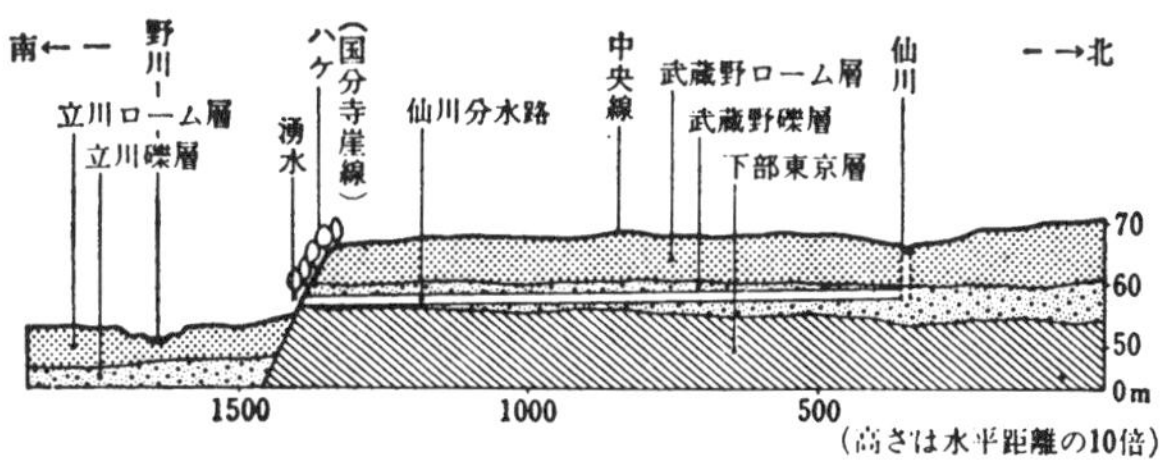

武蔵野公園と野川沿いの段丘崖

り方として専制君主制のように独裁者がその意思にもとずいて国を治めるのではなく、法という普遍性を持つすなわち万人に妥当する規範でもって国を治めることである。そこで問題となるのが依拠すべき法とは何かということになる。しかし同じ法でもその解釈に妥当性がなければ法の権威は保たれない。

そこで妥当な法の解釈を行なうのが司法ということであり、日本国憲法では裁判所が司法を担当している。

したがって、司法裁判所の役割は、法治主義を適正になりたたせていく上で極めて重要な役割を持っている。しかしながら、その人選において、最高裁判所裁判官の任命権が内閣にあることから、時の政府の意向にそった人が選ばれる傾向にあり、特に国や地方自治体などに対する行政の施策を批判する裁判においては、行政追随型の判決がなされやすく、真の意味での法治主義が健全に機能していないといってもいいすぎではない。

仙川分水路工事裁判の特徴は、工事施行主体が国（建設省――具体的には国の機関委任事務の受任者としての都知事）という行政を行なう公共団体であるということ――従って公共性とは何か、行政主体の役割・法による行政とは何かが問われたのであり、また裁判所が住民の行政参加権や環境権、具体的には安全な水環境に住む権利をどうとらえるかが問われた。

仙川分水路工事差止裁判を検討する意義は、開発の名のもとに行なってきた環境破壊のために、人類そのものの生存が脅かされている現代における司法―行政の役割を問うものである。そして、具体的問題点は以下のとおりである。

(1) 行政に迎合する裁判所

本件の仙川分水路事件においても、東京都の治水行政に対する批判的検討が手続面、実体面からみても充分になされていない。

手続面では河川管理計画についての情報公開や住民参加の保障がほとんどなされずに決定されていること、また具体的な仙川分水路工事計画については複数の代替案を前提にした事前の環境影響評価とその情報公開ならびに関係住民の意見表明権の保障がなされていないことについて、そのような訴えは客観訴訟であるから認められないと判断している。

また、国（都）が提出した水質調査書の内容に虚偽のものがある点については、例えそうであっても結論に影響が出ないから無視できると判示して、法治主義の権威のよりどころである手続的適正さに対して厳しさがまったくない。

内容面では、住民側証人の見解を独自の見解として排斥し、安易に国側証人の見解を採用する点である。

(2) 環境権に対する配慮がない裁判所

また、裁判所は環境権の重要性に対する認識が極めて低く、人類が特に現代社会において開発の名のもとに行なってきた環境破壊に対する見識とその環境破壊が人類そのものの生存を脅かしているという洞察が欠落している。

(3) 土木建設行政における環境保全義務

法治主義の原則からして、行政は法にもとづいて行なわなければならないのはいうまでもない。

ところでこの行政の依拠すべき法とは何かという問題がある。しかし、行政の中でも、環境に影響を与える土木建設行政においては、環境上の配慮を最優先すべきであるというのが、最近における国際的な動向である。

一九七二年六月にストックホルムでなされた国連人間環境会議で採択された人間環境宣言では次のように述べている。

①人は尊厳と福祉を保つに足る環境で、自由・平等および充分な生活水準を享受する基本的権利を有するとともに、現在および将来の世代のため環境を保護し改善する厳粛な責任を負う。

②大気・水・大地・動植物および自然の生態系の代表的なものを含む地球上の天然資源は、現在および将来の世代のために、注意深い計画と管理により適切に保護されなければならない。

③われわれは歴史の展開点に到達した。今やわれわれは世界中で、環境への影響に一層の思慮深い注意を払いながら、行動をしなければならない。無知・無関心であるならば、われわれは、われわれの生命と福祉が依存する地球上の環境に対し、重大かつ取返しのつかない害を与えることになる。

自然の世界で自由を確保するためには、自然と協調して、より良い環境を作るため知識を活用しなければならない。現在および将来の世代のために人間環境を養護し向上させることは、人類にとって至上の目標すなわち平和と世界的な経済社会発展の基本的かつ確立した目標と相並び、かつ調和を保って追及される目標となった。

④この環境上の目標を達成するためには、市民および社会・企業および団体がすべてのレベルで責任を引受け、共通な努力を公平に分担することが必要である。あらゆる身分の個人も、すべての分野の組織体も、それぞれの行動の質と量によって、将来の世界の環境を形成することになろう。地方自治体および国の政府は、その管轄の範囲内で大規模な環境政策とその実施に関し、最大の責任を負う。

この国連人間環境宣言を受け、環境問題に対する全地球的な取組みの行動計画を策定するために、一九八三年の第三八回国連総会において、日本国政府の提唱によって設立されたのが、環境と開発に関する世界委員会（ＷＣＥＤ）であるが、このＷＣＥＤの環境法専門家により採択された「環境保護と持続可能な開発に関する法律上の原則」が一九八七年四月発表されたが、そこで次のように述べている。

1（基本的人権）

すべての人は、その健康と福祉のため充分な環境を享受する権利を有する。

2（世代間の公平）

各国は、環境と自然資源を現在および将来の世代の便益のため保全し、利用しなければならない。

3（保全および持続可能な利用）

各国は、生物圏の機能にとって不可欠な生態系と生態のプロセスを維持し、生物界の多様性を保全し、かつ、生物資源と生態系の利用に当たって、最大持続可能量の原則に従わなければならない。

4（環境上の基準およびモニタリング）

各国は、適切な環境保護の基準を設定し、並びに、環境の質と資源の利用に関してその変化をモニターし、関連データを公表しなければならない。

5（事前環境アセスメント）

各国は、環境または自然資源の利用に著しい影響を与える可能性のあるプロジェクトの企画について環境アセスメントを実施し、または、これを要求しなければならない。

6（事前通報、アクセスおよび適正手続き）

各国は、計画された活動により、著しい影響を受ける可能性があるすべての人々に通報するとともに行政上および裁判上の手続に対し、公平な参加と適正手続を認めなければならない。

以上の国連人間環境宣言や環境と開発に関する世界委員会の採択した環境保護と持続可能な開発に関する法律上の原則は、確立された国際法規とみなすべきである。国際協調主義を採用する日本国憲法の規定（憲法第八九条二項は「日本国が締結した条約および国際法規は、これを誠実に遵守することを必要とする。」としているし、また憲法の前文では「われらは平和を維持し、専制と隷従、圧迫と偏狭を地上から永遠に除去しようと努めている国際社会において、名誉ある地位を占めたいと思う」と述べている）からして、さらには、環境権の重要性からして、自力執行力を有しており、格別の立法を必要とせず、国内法的な効力を持っていると考える。

四、工事反対運動と情報公開

(1) 民家の庭に地盤凝固剤が噴出

仙川分水路問題が、はけ周辺に住む地域住民に表面化したのは、民家の庭に工事に使用した地盤凝固剤が噴出する事故が発生したことによる。このことは、地域住民に対する事前の情報提供と事前の環境影響評価が行なわれてこなかったことを意味する。

当時、都知事は革新知事の美濃部亮吉であったが、土木行政の現場において上意下達方式で政策が遂行されており、行政の民主化には、官僚機構の改革（そのためには行政情報の公開はぜひとも必要である）とそれを監視する体制が必要であることを物語っている。

三多摩研が発足以降、行政情報の公開にむけてシンポジウムなどを企画してきたのは、環境破壊を食止めるには、まず情報公開が不可欠と考えたからにほかならない。

自然生態系に関連する情報と各種工事の環境に及ぼす影響を事前に調査し、それを公開することは、住民福祉を目的とする行政の住民に対する責務である。なぜならば、行政は、住民からの信託によってその行政財産を運用しているからである。

(2) 行政の情報操作に対抗

はけ周辺に住む住民たちは、分水路工事に対し、はけの自然生態系を侵害する恐れがあるとして、反対運動を展開し、結局のところ都および国を相手方として工事差止の仮処分裁判を起こした。裁判においても工事と環境への影響に関連する情報の公開とその分析能力の有無は、裁判は証拠の有無によってその結果が左右されるので、第一義的に重要である。裁判は、お互いの言い分を主張し、それを立証していく過程であるから、その過程においてお互いの情報が公開されるわけであり、部分的ではあれ、行政情報を開示させていく意味を持っている。

三多摩研の有志メンバーは、行政側から裁判所に提出された地下水位図などの情報を精力的に分析し、その地下水位図に偽造があることをみつけたが、このような情報を正しく分析する目を養っていくことは市民自治の大きな基盤になっていくし、現実的に行政の方針を変更させる武器である。

(3) 裁判と住民の権利意識

住民にとって、行政に対し、裁判を提起することは心理的にもまた経済的にも大きな負担を強いられる。ここで大切なことは、住民と住民そしてそれを支援する人達による助け合いの精神である。

仙川分水路差止裁判を起こした住民たちは、バザーなどの活動で経済的な支えをし、三多摩研の有志メンバーは、弁護士という資格を生かして、裁判の代理人になったり、また他の三多摩研のメンバーは裁判資料の収集や分析さらには裁判所へ提出する書面の原稿作りなどそれぞれの個性を生かして協力した。また、住民が行政に対して裁判を起こすためには、住民の権利意識がどのようなものであるのかが大切である。

仙川分水路裁判の中心になった住民は、小金井市の東町五丁目、中町一丁目住民や市道五号線沿線住民であるが、それまで住民たちは二枚橋のゴミ焼却場の煙害や道路公害問題に苦しめられ、その対策に取り組んできた。また、この三多摩研所属の会員たちは、野川の浄化問題、特に地下水の保全の大切さに気が付いていた。

このような過去の住民たちによる活動は住民の環境に対する権利意識を高めてきた。加えて東京都の一方的工事の進め方と都公害監視委員会の欺瞞性、そして住民運動のリーダーであった田代仁氏が地盤凝固剤の影響と疑われる湿疹と溶血性貧血でもって意識不明になり死亡したことが契機となって、裁判提起に至ったのである。

裁判は、一九七九（昭和五四）年二月二八日の抗告棄却（住民側敗訴）により終了したが、その年の暮に裁判を担った住民たちで作った危険な仙川小金井分水路から市民の生命と水を守る会の出した機関誌『生命と水』六号に、住民たちの意見が集約されているのでその内の一部を紹介したい。

○　充分な活動や行動が出来たわけではないが、やれるだけのことはやってきたとの思いもあって、敗訴による挫折感はそれほど大きくなかった。他の住民運動を外側からみていた時には、一面では同意しながらもそれが持つ“地域エゴ”に戸惑いを感じていた自分がその渦中に入って痛感したことは、事柄の本質を問い直す姿勢を持とうとしない行政のあり方と片方が利を得るには必ず一方であおりを受けるもののあることへの認識のなさである。とすれば、やはり声を上げずにはいられない。……これからもおかしいと思ったこと、変だと感じたことに声を出し続けていく必要があるのではないだろうか。（道家重子・主婦）

○　今回の行政の暴力により私どもの力は決して押し流されたわけではありません。むしろ自然を守ることの大事さが一層深められ、強固になったと思います。（鈴木肇・会社役員）

○　判決を反面教師として、次のことを思っている。一つは革新行政という名のもつ欺まん性である。決定した計画のゴリ押し。地域エゴと結び付いた勢力による官民のつぶし工作。都民参加という建前による機関（都公害監視委員会）による都政代行機関の狡猾さ。もう一つは安全性が確認されていない物質について「疑わしきは使用せず」の原則を確立せねばと思う。有害なものはいくら薄めても、短期・長期であれ被害は消し去るものではない。人間が自然環境の中で生きていく限り必要なことである。（岡庭武・医師）

○ 短歌　仙川小金井分水路に思う

個性強き人の集まりその長所を　生かして進める住民運動
地下水系の流れ書き換え住民を　欺瞞せし都に憤り湧く
主婦吾に縁遠かりしかたかなの　化学用語に強くなりけり
野の川に悪魔のごとき口あきぬ　吾等が願いけりたるままに
住民運動に得たる心を老人の　指圧奉仕に生かす此の頃　（高橋スズエ・主婦）

五、住民運動と裁判

(1) 事前の情報公開の不備と住民同志の対立

仙川分水路問題が表面化したのは、一九七四（昭和四九）年一二月の工事着手後である。

小金井市が仙川分水路工事について一般の市民に告知したのは、翌一九七五（昭和五〇）年二月五日の市報が初めてである。しかもこれは単なる「お知らせ」で、地下水脈の破壊や凝固剤問題などにはまったく触れないものであった。

一九七五（昭和五〇）年四月七日に野川周辺に住む住民達の団体であるハケの会、東町五丁目有志および野川の浄化やハケの保存運動をしてきたはけの道を守る会や三多摩問題調査研究会が、分水路の再検討を東京都建設局や都議会各政党、関係各市長に要望書を送るという形で運動が始まった。その翌日の四月八日に民家の庭に立抗工事の地盤凝固剤が地下から噴出するという事件が起ったために工事が一時停止されることになった。

しかし、四月二八日には小金井市東町一帯の八ヶ所の井戸が濁ったり、涸れたりする事件が起こったが、東京都は分水路工事との因果関係を否定した。

他方、五月二三日には仙川流域住民が、沿線住民の会を結成し、工事再開促進の運動を開始し、七月二日には小金井市議会建設委員会は工事促進陳情を全会一致（一人欠席）で採択した。

ここで仙川分水路の建設について住民同志の対立が起こったのであるが、この点が仙川分水路問題の大きな問題点の一つである。

確かに仙川の洪水地域に住む住民にとっては、洪水対策は緊急の課題である。しかし、この洪水対策としては分水路の他にいろいろな代替案が考えられ、そもそも分水路の工事計画の立案の段階で情報公開と住民参加のもとで他の代替案の検討を含め議論をすべきであった。

一九七五（昭和五〇）年四月二九日に、はけの会（東五丁目・中町一丁目住民）、市道5号線沿線住民、三多摩問題調査研究会の出したビラでは、仙川の治水効果を図りつつよりよき環境を創出するという立場から、次のような代替案の提起がなされている。しかし、このような代替案は情報公開のもとで検討されないまま進行したのである。

1、仙川への雨水流出を低減する。そのために

①緑地・緑道の拡大

②流域の危険箇所の宅地造成の規制

③窪地を利用した遊水池の建設

④公共下水道の促進

2、玉川上水への放流

3、地表の排水路（疎水）で野川へ

農業用の神代寺用水や生活道路などの一部を「疎水」として利用し、浅い排水路をつくる。仙川

流域には窪地があり、物理的には充分可能性があるし、
またこの案には次の利点がある。
①洪水を防止しつつ地下水の涵養ができる。
②災害・消防用に使える。
③水辺を作るので、砂ぼこりの少ないうるおいのある町になり、緑もよみがえる。

住民同士の対立が起こり、最終的に裁判まで問題が拡大したのは、事前の情報公開や代替案の検討が住民参加のもとで行なわれず、一度決まったものはあくまで押し通すという硬直化した都の行政が原因である。

(2) 裁判の難しさと東京都公害監視委員会のあり方

住民にとって、東京都や国の河川行政を問う裁判を起こすことは、大変な覚悟がいる。裁判所が住民に親しみやすく簡単に裁判が起こせるという仕組みにはなっておらず、特に東京都や国を相手にする場合には、住民との間に情報量の差が圧倒的にあり、また裁判には大変な手間と暇がかかるため住民にとって裁判を起こすということすら簡単には出来ないものである。

住民としては、出来るなら裁判所に行かなくても問題を解決できる方法はないかと考え、当時、美濃部革新都知事時代であったことから東京都公害防止条例にもとずく東京都公害監視委員会に期待をかけ、一九七六（昭和五一）年五月一五日に同委員会に仙川分水路工事による被害の調査と工事の中止の措置をとるよう要望書を提出した。

しかしながら、公害監視委員会は同年七月七日に、仙川の洪水も公害であるとし、野川周辺住民の要望を取り上げなかったばかりか、逆に仙川分水路工事の再開を認める決定を出したのである。

この都の公害監視委員会の姿勢は、分水路工事にお墨付きを与えるものであり、公害の監視とは一体何であるのかが根本的に問われるものである。

六、なぜ弁護士を志したか

(1) 中学・高校時代

小学校六年の時に、父の経営していた事業が取引先が不渡手形を出して連鎖倒産をしたために、担保となっていた自宅が処分され、私の家族（祖父・祖母・父・母・弟三人）の家がなくなってしまった。私は親類に世話になったり、借家生活をして中学時代を過ごした。母親も働きに出たし、私を始め弟たちも新聞配達などで家計を支えた。

今の学歴社会では、中学卒業の段階でどのような高校を選ぶかということが大きな関心となるが、私の中学時代（昭和三二年～昭和三五年、名古屋市立八王子中学校）は、高校の進学率が五〇％ぐらいで、そのうち普通高校へいって大学まで進学するのはクラス（一クラス五〇人）で一人二人という状態であった。

私も格別大学に行きたいとは思っていなかったし、また私の家が父親の事業が倒産したために売却され、一緒に住んでいた祖父・祖母や父母・兄弟はバラバラに住まざるをえない状態であったので早く就職しようと思い、寮が付属していた国立詫間電波高校（香川県三豊郡詫間町所在・浦島太郎の伝説のある場所。船舶通信士を養成するための国立高校で全国に三ヶ所―仙台・熊本・詫間にあった。現在は国立の高等専門学校になっている）へ進学した。当時弁護士になろうとはまったく思ってもいなかった。

私を大変かわいがってくれた祖父は保護司をやっており、祖父に連れられて刑務所へ行った記憶はあるが、弁護士の存在とはまったく無縁であった。

詫間電波高校は通信士となるための通信技術の実技（トンツーというモールス信号の操作を覚える）と電気通信理論を中心とした授業を中心に学校のカリキュラムが組まれていたので、大学の入学試験に合格するために必要な英語・国語・社会など一般教養の授業は最小限であった。

高校の寮に入ると卒業生が時々遊びにきたりして、高校卒業後の社会実態を聞かされた。そこで始めて今の社会では学歴によって差別があることを知った。

また、私は細かい専門技術よりは、人間として必要な一般教養をもっと勉強したいと思った。

そこで大学進学のために出来れば普通高校へ転校したいと思って調べたところ、転校は不可能とのことであった。私はその時、特別奨学生として毎月三〇〇〇円の奨学金の給付を受けており、この三〇〇〇円で毎月の生活費は確保できたが、もし一年留学して普通高校に転校するということは経済的にも不可能であったので、とりあえず電波高校を卒業して大学へも進学しようと思った。

そこで、大学進学用の受験雑誌をいろいろ調べて、その頃教養学部という新しい学部が国際基督教大学（ＩＣＵ）と東京大学にあることを知った。東大への進学は受験科目が多いため無理であろうと思ったが、ＩＣＵの場合には英語については読解力やヒアリングなど総合的な試験があるが、その他の受験科目は社会科学や自然科学に関する論文を読ませてその内容について答えさせるというものであったので、これなら新聞をよく読んだり、また電波高校における電気理論などの勉強の際、文章の解読力をつけることにも役立つと考えればＩＣＵへの受験勉強にもなると考えＩＣＵを目指すことにした。

ＩＣＵは授業料が特別奨学生の場合には半額となり国立大学と同じであったし、特別奨学金が毎月八〇〇〇円支給されることになっていたので経済的にも大学生活を送ることは可能であった。

英語の勉強としては、高校の授業にあった英語はきちんと勉強し、また英語会話のクラブ活動に参加したり、更には当時アマチュヤ無線をやっていた弟にイヤホン付きのラジオを作製してもらって毎日のように旺文社の「百万人の英語」やＮＨＫの英語会話をイヤホンで聞いて勉強した。

寮が三〜四人が同じ部屋で共同生活をしていたので同室の友人に迷惑がかかるといけないと思いイヤホンで学習した。

(2) 大学時代

私は幸いにも一九六三（昭和三八）年三月にＩＣＵに合格することができた。ＩＣＵの第二男子寮に入寮し、高校時代と同様に寮生活をしながら大学生活を送ったが、ＩＣＵは私が入学した一九六三（昭和三八）年四月以降授業料の値上げ問題が起こり、大学始まって以来初めてのストライキが行なわれるという状況であった。

なお、私が高校に進学した一九六〇（昭和三五）年は安保闘争で日本全国が大きく揺れたが、私は香川県の詫間という場所にいたこともあり、新聞でその様子を知るくらいであり、他人事であった。

しかし、ＩＣＵでの授業料値上げ問題は、在学生には適用されないものではあったが、私のような経済的に厳しい環境にある者の大学進学への道をふさぐという事でこの社会の矛盾を深く考えさせられた。

ＩＣＵでは、私が二年生の時（昭和三九年）に寮の管理権を学生が持つかどうかという問題が起こり、また三年生の時には食堂の値上げ問題に端を発して生活協同組合の設立運動が起こった。この生協の設立運動に対しては、私は学生会の執行委員となって参加した。大学側が生協という学生の自治組織は認めないという態度に出たため学生大会でストライキを決議し全学的なストライキが行なわれた。

しかし、このストライキも長期化するにつれ支持する学生が減少し内部崩壊した。

その後、今後の自分の将来をどうしようかと考え、当時寮の先輩が司法試験を勉強していた事もあり、また弁護士という職業にも魅力を感じていたので司法試験を目指す事にした。しかし司法試験に合格するには四年間位勉強が必要といわれていたので、とりあえず経済的に生活を支えるために公務員になり、仕事をしながら受験勉強をしようと考えた。

大学四年になってから法律の勉強に精を出すようになったが幸いにも都庁の上級職に合格することができた。

しかし、ICU卒業間近の一九六七（昭和四二）年二月になって、能力検定試験の採用問題をめぐって学内で大きな論争が起こり、三年生を中心に反対運動が起こった。私の寮の部屋にも新聞会所属の三年生がやってきて「大学本館を占拠するストライキを起こす事にした。四年生も是非参加してほしい」と要望した。その頃四年生の大半は放送局、新聞社、一般商事会社などへの就職が決まっていたが、私を含め就職の決まっていた四年生のうちの二〇％くらいがストライキに参加したのではないかと思う。

私は、三年生からストライキ参加の呼び掛けがあった時、前年における生協設立運動の敗北の経験から今回のストライキも負けるであろう、そのときには自分の就職もダメになるであろうと考えていたが、能力検定試験が採用されれば、その試験内容からして私のような職業高校からICUに進学することは不可能になると考えたし、三年生以下の後輩を見殺しにして、自分だけ卒業していく事は出来ないと思いストライキに参加した。ストライキは一九六七（昭和四二）年の二月から二ヶ月間程続いたが警察力の導入によって解散させられ、またストライキ参加者は全員無期停学以上の処分を受けた。私も卒業保留そして無期停学処分となって、都庁への就職もダメになってしまった。

それまでは、特別奨励金が毎月八〇〇〇円貸与されていたので、後は家庭教師などのアルバイトをして大学生活を支えていたのであるが、停学処分を受け就職もダメになってしまったので、仕事先を探す事と警察力導入後の能力検定テスト反対運動への参加という事態に直面した。反対運動は参加者それぞれの生活が厳しくなってきて運動を続けることができなくなってきた。大学側と処分された学生側で和解が成立し、私は一年後にＩＣＵを卒業した（それまでに卒業に必要な単位はすべて取得していた）。

私は、一九六八（昭和四三）年三月にＩＣＵを卒業すると同時に司法試験の勉強をするために東京教育大学文学部法律政治学専攻へ学士入学した。

生活費は、ＩＣＵの友人が国立市谷保にあるヤクルト研究所や小金井市立第三小学校の夜警の仕事をしたのでその仕事を手伝っていたが、本を読む時間もあり、学校にも通えるという点で大変助かった。

東京教育大学も私が入学した一九六八（昭和四三）年に筑波への移転問題が起こり、ストライキが始まった。私も自分だけ司法試験の勉強をしているわけにもいかず、他の学生と共に参加した。

しかし、この筑波移転反対のストライキも一年半ほどで警察力の導入によりつぶされた。私は一九六九（昭和四四）年春からＩＣＵの友人のあとをついで小金井市立第三小学校の警備員の仕事をしていたが、東京教育大の学内状況も落ち着いてきた時点で本格的に司法試験の準備に集中する事にした。

(3) 小金井司法研究会との出会いと三多摩研

一九七〇（昭和四五）年の四月ごろ、司法試験の勉強をグループでやりたいと思い、職場である小金井第三小学校の近くにグループがないかと思っていたところ、『受験新報』という司法試験受験用の雑誌で小金井司法研究会が会員を募集している事を知り、早速申込んで入会させて頂いた。

当時、丁度四日市の大気汚染や水俣における水質汚染が大きな社会問題になっている時であり、そこで弁護士が活躍している事を知り、私も弁護士になったら公害問題に取組みたいと考えている時であった。

小金井司法研究会の入学願書には、「地域社会をよくするためにあなたは何が出来ますか」という質問があり、小金井司法研究会は、地域社会の事を考える法律家を目

▲奥多摩湖40周年シンポジウムの取材（1994年）

指す受験団体という雰囲気があり、大変新鮮な印象を受けた。

私は、その小金井司法研究会で、後に協力して三多摩問題調査研究会を作る事になった矢間秀次郎さんや関島保雄さん・平賀睦夫さんと知り合う事になった。幸いにも昭和四六年度の司法試験に合格し、小金井司法研究会第一号の合格者となった。関島保雄さんも翌一九七二（昭和四七）年に合格した。

私は、一九七二（昭和四七）年四月から司法修習生となり横浜（地裁・地検・弁護士会）へ配属されたが、この年に野川の浄化問題などに取組むための調査研究会として三多摩問題調査研究会が矢間さんを中心にして設立された。

ＩＣＵの構内（今は野川公園になっている）に野川が流れていたために野川は私にとっても思い出深い川であった。野川が地下水を集めて流れる川であり、またその付近に縄文遺跡も出ると聞き、野川は人類の文化生活と密接な繋りを持っていると感じ、その浄化問題には現代的意味があると思った。また世の中を良くするためには、先ず身近な環境の浄化が大切だと思っていた。

市民運動と青年会議所（ＪＣ）運動

——共生のよろこび

尾辻 義和

一、うちに燃える原風景

(1) 川面のみえるわが家

これは正確ではない。実際は、一一階建て分譲マンションの七階の一戸で、玄関の鉄扉をでた通路から野川の流れが見えるのである。

一九八〇（昭和五五）年、筆者が二七歳の時、購入し、以来平成元年一一月まで足掛け九年、毎日、野川を見ながら生活をしてきた。結婚し、子供も三人（長男祐樹、次男佐人志、三男自然）ここで生まれた。

マンションの中庭に狭いながらも子供の遊び場もあり、一階には、長男、次男がお世話になった「よく遊び、よく遊べ」（筆者）の子鹿幼稚園がある。近くに交通量の多い道路もなく、静かで、小さな子供を持つ家庭には比較的いい環境である。視界に広がる川の平面空間も、四季折々に豊かな表情をみせる河川敷の緑も、ここちよさの一因であろう（野川はすでにかなりきれいであった）。ここに九年いたことが筆者の運命をかえた。

(2) 止別《やんべつ》川の思い出

筆者は、二歳から小学校卒業まで、北海道知床半島付け根に位置する小清水町で育った。キタキツネやナショナル・トラスト運動で有名な「オホーツクの村」がある。筆者の通った小清水小学校には当時プールがなく、夏の暑い日に泳ぐといえば市街を流れる川幅五メートル足らずの止別川であった。

川では、泳ぐだけではなくヤマベ釣りやトンギョ（刺魚）、ヤツメ、カラス貝を取ったりして遊んだ。川のどこが安全に泳げるか、トンギョはどこにいるか、吸いつかれたらとれないと脅かされつつも、どのようにヤツメをとるか（今は記憶がない）みんなは知っていたので、誘われるままについていったり、ひとりでいって、仲間にいれてもらえればよかった。秋の川の記憶はないが（北海道は秋がないといわれる）、冬は凍り、雪に埋もれ、春は雪解け水で増水するので遊べない。

(3) おかしな川「野川」

幼い頃川で遊んだ記憶がある筆者が、一〇年以上経て出会った「野川」は、神田川や野川の支流である仙川のようにコンクリート三面張りの「都会の川」とはかけ離れた、自然の豊かな川らしい川だった。それでもほんの少し前までは、見向きもされないほどに汚れた川で、当時建てられたと思われる野川沿いの家がみな一様に背を向けていることがそれを物語っている。その汚れた「野川」が、きれいな流れを取り戻すようになったいきさつについては『都市に泉を』（ＮＨＫブックス）に詳しいのでここではふれない。

清らかな流れを取り戻した「野川」は、幼い頃川で遊んだことのある筆者の郷愁を呼び覚ました。キラキラと太陽を照り返す水面、せせらぎの音、川沿いに生い茂る雑草、トンボが飛び交い、時には「飛ぶ宝石」といわれるカワセミにも出会うことができる。が、それを楽しめるのは金網のこちら側からだけ。自然がいっぱいの「野川」は調布市と狛江市を流れるときだけ檻の中に入る。

この光景は、まさに行政の姿勢そのものだった。金網のフェンスには、「きけん！　かわにはいってはいけません」というプレートが取り付けてある。三鷹市や世田谷区では、フェンスもなく（ただし、転落の危険があるところはフェンスがある）、川にはいることもできるのである。

夏の暑い盛り、水量が豊かで、キラキラ光る水面を見ていると子供ならずとも川に入ってみたいと思ってしまう。一年のうち何日かは大雨で増水することもあり、その時は確かに危険であるが、それ以外に日は、きわめて安全な川である。清らかな水の流れは、それだけで人を引きつける力を持っている。なぜ、調布市と狛江市だけがフェンスに囲まれ、入ってはいけないのか。おかしな川である。（その後、「親水ブーム」を背景に「いこいの水辺」を作って積極的に河川敷へ人を誘導するようになり、今では河川敷のほとんどが解放されている。）

(4) 人との出会い（調布青年会議所への入会）

一九八七（昭和六二）年一月、筆者にとって一つの転機があった。調布青年会議所への入会である。

最初に所属したのが「交流委員会」である。

新入会員が先ずこの委員会に配属されるのは、できるだけ早く現会員と交流できるようにという、当時の理事長の意向がある。交流委員会は名前の通り、対外的な交流、会員同士の交流をする各種事業を企画、運営する。

一年を通して、一月の新春賀詞交歓会から、家族会、納涼懇談会、一二月の納会などがあり、他に近隣の青年会議所との交流、上部組織の東京ブロック協議会との交流もある。

青年会議所では、このように実に多くの人とさまざまな機会を通じて出会う。青年会議所の最大のメリットは実は、会員同士、その他の人との出会いであるといっても過言ではない。

会社に所属している場合、会社の関係者、同業者が普通の交際範囲であるが、青年会議所では同年代の、さまざまな業種の人と知り合うことが出来る。人々との出会いは筆者にとっても最大の財産といってもよく、他では容易に得られないものである。この一点だけでも青年会議所に入会する価値がある。ぜひ地元の青年会議所の門をたたいてほしい。

二、市民運動が時代をひらく

(1) 三多摩問題調査研究会

調布青年会議所に入会した一九八七（昭和六二）年秋、調布中央公民館で、調布の地下水を守るためのパネルディスカッションが開催された。野川に対する疑問が頭の中で錯綜していることもあって、何かの手がかりが得られるのではと、意を決して聞きに行った。パネラーは、ソーラーシステム研究会の村瀬誠氏、三多摩問題調査研究会（以下三多摩研と呼ぶ）の金子博氏、深大寺住職の谷玄昭氏であった。このときの金子氏の話は、ＮＨＫブックス『都市に泉を』にある野川に関わる市民運動の話だったと思うが、これを聞いて三多摩研に入るしかないと思い、その場で入会を申し込んだ。後片付けで忙しかったこともあると思うが事務局宛に入会要綱を請求するようにとそっけなく言われたことが印象に残っている。筆者が入会要綱と一緒に送った作文には当時野川について持っていた疑問を書き、入会して勉強したいと書いた。翌年の三多摩研の総会に呼ばれ、入会が許可された。

筆者は野川に出会ってから、この川がなぜ市民から隔離されているのか、誰が野川を好きかってにいじくりまわしているのか、漠然と考えていたことを、この頃にはなんとかできないのか、とまで考えるようになっていた。それと同時に青年会議所での活動が筆者が感じていたような感覚（市民意識といってよいのか？）から遊離していることに気がつきはじめていた。青年会議所の会員はもちろんのこと、一般の市民に筆者の感じていることをどのように訴え、どのようにしたら理解してもらえるのか。

(2)「野川に親しむ会」結成参加

一九八九（平成一）年になって、何事も実践、何事も勉強と、「野川に親しむ会」を結成して代表となり、「調布の地下水を守る会」に入会、「野川ほたる村」入村と手当たり次第に市民運動に参加するようになった。

「野川に親しむ会」という名前は、それまでの市民運動が行政に反対したり、何かを守ったりということを目的にして活動していることに筆者なりの疑問を持っていたことを表明したかったので会員と相談してつけた。敵対意識からはいいものが生まれないのではないかという思いがあったからである。

▲野川流域を歩いての観察会

とにかく、遊んではいけないといわれている野川で遊ぼうと、夏には牛乳パックいかだで子供といっしょに野川に入った。一人の老人から野川には下水が入っているので汚いと注意を受けたが、そのことは承知の上だった。

「調布の地下水を守る会」に入会したのは、一九九〇年度から調布の上水道がおいしくて安全な地下水をやめて、都の水道に切り換えるという差し迫った問題があり、手をこまねいてはいられなかったからである。幸いいろいろな情勢が味方して、おいしい水が飲める状態が続いている。

七月には、「野川ほたる村」に入村した。

市民に湧水の大切さを訴えるにはこれしかないという思

いであった。ゲンジボタルのえさであるカワニナの養殖も始めた。目標は、調布で現在かろうじて自生しているゲンジボタルを、自然の状態で乱舞させることである。

野川から発した水に対するさまざまな疑問は増えるばかりで、一九八九（平成一）年の一年は、後で思えば、一人で焦っていたというのが正直な感想である。この時期、筆者が青年会議所でしていたことは、この思いを他の会員に理解してもらうために、積極的に活動して自分の存在をアピールすることである。入会早々の会員がこうしたいといっても、それで一〇〇人近くの組織が簡単に動くものでもない。存在が認められ、意見を聞いてもらえるようになり、一緒に行動してくれるようになるまで、一生懸命汗をかく事が必要なのである。

(3) 青年会議所（ＪＣ）とは

社団法人日本青年会議所には、その基本理念、特質、組織、事業目標を解説する「五百字解説文」がある。以下にその一部を引用する。

青年会議所（ＪＣ）は「明るい豊かな社会」の実現を理想とし、次代の担い手たる責任感をもった二〇歳から四〇歳までの指導者たらんとする青年の団体です。青年は人種、国籍、性別、職業、宗教の別なく、自由な個人の意志によりその居住する各都市の青年会議所に入会できます。

五〇余年（平成一四年現在）の歴史をもつ日本の青年会議所運動は、めざましい発展を続けておりますが、現在七四七の地域に約五万二〇〇〇名の会員を擁し、全国的運営の総合調整機関として日本青年会議所が東京にあります。

……中略……

日本青年会議所の事業目標は、「社会と人間の開発」です。その具体的事業としてわれわれは市民社会の一員として、市民の共感を求め社会開発計画による日常活動を展開し、「自由」を基盤とした民主的集団指導能力の開発を押し進めています。

さらに日本の独立と民主主義を守り、自由経済体制の確立による豊かな社会を創り出すため、市民運動の先頭に立って進む団体、それが青年会議所です。

限られた字数のため若干の補足をしたい。

青年会議所は、日本で設立されてから五〇年あまりがたつ。その間、「明るい豊かな社会」とは何か、それが市民の求めているものなのかといった議論が、世の中の移り変わりを反映して、その時々でなされている。一〇年前のそれと今のそれは違う面もあるだろうし、変わらない面もあるだろう。若者の特質は、常に今を見つめ、変えなければいけないと思えば、それを変えられることだろう。「明るい豊かな社会」という抽象的な表現には、若者の勇気や正義感に対する信頼が込められている。

青年会議所の特質は、年齢制限と全ての役職、職務が一年の任期であることにある。二〇歳から四〇歳までという年齢制限を厳格に詠っている団体はほかにないのではないか。毎年、四〇歳に達した者は卒業し、新しい会員の入会がなければ組織が消滅してしまうのである。新陳代謝が否応なく行われるので、留まることが許されない。四〇歳になったものが、次の年にやり残したことをやりたいと思ってもできないのである。また、任期が一年であるため、一人の人間の影響力が必要以上に及ばないようになっている。これは、ほかの団体にありがちな団体の私物化や、事業の偏向を防ぐため有効である。一年任期は、事業を進める上でマイナスの面があることはいつも議論の的となっているが、克服できない問題ではない。

事業目標に「社会と人間の開発」とあるが、いいかえると、「まちづくりのできるひとづくり」ということだ。

「明るい豊かな社会」をつくるというのは、快適で、住みよいまちづくりをすることにほかならない。地域の青年会議所はその町のまちづくりをすることを事業目標にしているわけである。会員は、市民と共通の生活基盤に立ってものを見、考え、市民と共にまちづくりをするべく、いろいろな事業を行う。会員は、それらの事業を行う過程を通して優れた社会人、職業人となるために、自らを厳しく訓練する。また、まちづくりを通して、共に行動する市民とも互いに切磋琢磨することが、市民と自らを「まちづくりのできるひとをつくる」ことにつながる。

開発という言葉は現在好ましい意味合いで使われることが少なくなってしまい、誤解を受けそうであるが、より良くすると解釈していただきたい。蛇足であるが、かつて青年会議所は自らがリーダーとなるべく訓練（人間開発）し、市民の先頭にたって市民をリードし、社会開発（まちづくり）を行うという考えで行動していた時期がある。しかし、そのような姿勢では運動が市民に浸透しないのではないかという反省にたって少しずつ変わってきた経緯がある。青年会議所はいつの時代も行動しており、それゆえ批判もされる。自画自賛するわけではないが、その批判を謙虚に受け止め、その時代にふさわしい青年会議所のあり方を求めて自らを変えられるやわらかさをもっている。

(4) 青年会議所運動は市民運動か？

戦後まだ間もない一九四八（昭和二三）年夏、二八歳の青年経営者・三輪善雄の「ある挫折」に端を発した祖国の再建を思う心が翌二四年東京青年商工会議所として結実し、日本における青年会議所運動の灯がともされた。この頃すでに国際青年会議所が活動をしていたが、日本の青年会議所運動はこれとは無関係に組織され、純粋に中立な団体とついて発足したことは、特筆すべきである。

また、中央集権的な組織を廃し、会員の年齢制限（発足時三五歳）をし、役員の任期を一年に決めたことは、青年会議所運動があくまで地域のためであり、いつまでも若いエネルギーあふれた団体でありつづけるためであり、特定の人間に組織が左右されないためである。

調布青年会議所の二〇年を振り返ってみると、交通事故防止キャンペーン、じゃがいも農園、多摩川子供の祭典、ふるさとまつり参画（現在も継続中）、子供すもう大会、高齢化社会への提言、青年経済人会議、二〇周年記念事業「みんなでつくる水と緑のまちづくり」などさまざまな事業を行っている。どの事業も「明るい豊かな社会」の実現を目指して実施されている。一年の事業を通してどの様に「明るい豊かな社会」の実現を目指すかは理事長のリーダーシップによるところが大きい。青年会議所運動は理事長のもと、一〇〇名余りの会員による市民運動と言えるだろう。

ただし、その目標となるものが「明るい豊かな社会」であることが、普通の市民運動と違う点である。

(5) 共に生きるよろこび

筆者は、青年会議所と草の根市民運動（筆者の思い）の両方に席を置いて、かたや「明るい豊かな社会」を目指して、さまざまな事業を行い、少しでも快適な町になるよう奮闘した。一方で、おいしい水を飲み続けたいと地下水の大切さを市民に訴え、昔のようにホタルが乱舞することを夢見てカワニナを飼い、「野川」で子供と一緒に泳ぎたいと、川で遊びながら、川と共にあるまちを目指して、市民運動を実践している。現在進行形で結論を出すことができないことを承知の上で、感じていることを述べてみたい。

まず、青年会議所である。次代を担う若い世代の人間が、自ら希望してそこに所属して、自分を磨きながら、自分達のまちを快適で住みよい町にしようと活動していることは、手前みそではあるが特筆に値する。これを読んでいる市民の方には、ぜひ自分の町に青年会議所があるか確認していただき、その活動をつぶさに見ていただきたい。機会があれば、互いに意見交換する場を持っていただきたい。筆者も入会当初、会合のたびに行う綱領の唱和に違和感を持ったりしたが、一つの目的を達成するということの前では、大きな問題ではない。心を一つに、自分達の町のためにがんばっている、若さあふれる、正義感の強い、柔軟性のある、こんな魅力ある団体は他にないと自信を持っていえる。

筆者の場合、自分の幼い頃の自然体験が「なにかおかしい」という感覚を刺激し、どうにかならないのかという思いが現在の活動につながっている。そんな思いを持って一人であれこれ悩んでいるいるときに、同じような思いを持って活動している人たちがいることを知ったことが大きな転機となった。「共感」できる仲間がいる、共に活動出来る仲間がいるということがこんなに心強いものなのかと実感した時でもあった。それからは、さまざまな活動に参加して、多くのことを学ばせていただいた。一方で、同じような思いを持った人が意外に少ないという現実にも気づかされ、仲間を得たよろこびの反面、その先には真っ暗闇があるという思いも味わった。

草の根市民運動という表現には筆者のそんな思いがある。自分達の思いや考えを一人でも多くの人に伝え、理解を得、共に歩いて行くためには、地道に根気よく活動を続け、言葉だけではなく、実践することしかない。筆者は、活動を続けることで、「共感」できる仲間が確実に増えていることを実感している。それがやがて大きな流れになるという確信を持っている。

女の出番・悲鳴をあげるゴミ焼却場
――東大「公害原論」の洗礼

池田　恵子

(1) 『野川を清流に』との出逢い

かつて存在した週刊誌『朝日ジャーナル』(朝日新聞社刊)に、いつも楽しみにしていた「ネットワーキング」という記事があった。その「ネットワーキング一三四」(一九八七年七月三日号)に、小会の紹介がのった。その中に、東大「公害原論」の自主講座からの学びが触れてあった。事務局の金子博さんがインタビューの中で、宇井純先生(元・沖縄大学教授)の息のふきかかった人々の運動を、「野川を清流に」の願いとともに語っていた。それを知った時、大きな喜びに包まれた。そして、何か私も活動できたらと、強く思った。なんと『朝日ジャーナル』が縁で、私の人生が変わってしまった。入会してしまったのである。それこそ「ネットワーキング」にふさわしい、私の生活が始まった。

たくさんのすてきな方々との出逢い、そこから広がっていく活動、私にとって、一生の宝物を得た思いである。夫や子どもたちの協力のもとに、これからも活動は発展していくだろう。一六年前、次男が小学校一年に入学した時のことだった。私が初めて社会に出た、小金井市の環境問題講座、これを皮切りに活動が拡がっていったように思う。

国際婦人年に、婦人行動計画の基に策定された環境講座は、命と暮らしを守るために、今もなお続いている。環境問題講座の仕掛人・鰐部うた子さんの情熱と行動力がそうさせたのだ。

ダイオキシン発生の八割は、なんとごみ焼却炉からなのに、塩化ビニリデンのラップを平気で「燃やすごみの日」に出してしまう。徹底分別すれば、大気汚染も少しは防げるのにと思う。とにかく、正しい情報を、多くの無関心な人々に伝えるしかないだろう。

そんなわけで、小金井市東公民館女性学級の企画にもかかわった。ここは、二〇歳代後半から三〇歳代の若い母親たちが集まり、「親と子の明日を考える」という大テーマのもとに、教育と環境から、具体的に学ぶ学習の場となっている。平成七年度女性学級では、受講生が参加者を誘い、回を重ねる度に女性学級に集う方々が増えていくという、すばらしい成果を出した。

平成七年度環境講座では、「みなおそう暮らしの中の環境」というテーマで、すぐに役に立ち、〝知らなかった……じゃすまないことがある〟正しい情報をもとに学んだ。

また、環境講座の反省会が見事に盛りあがり、その実行委員会から、小金井市環境週間実行委員会へも参加することになった。そして環境週間終了後は、そのまま新しい実行委員も加わって、環境講座へと結びつけていく予定である。本来、環境のことは三六五日、毎日かかわっていくことなのだから、学び即実践しかない。

(2)ミニ講座からの発展――ごみ問題について考える

よく知人から、「会員になると、どんな特典があるのですか」と聞かれる。「入会すれば、ミニ講座を無料で受講でき、茶菓のサービスもあります」と答えているが、開講されてから、まだ日が浅い。

会員を講師に、それぞれの専門性、豊富な体験などを活かした公開のミニ講座が始まったのは、一九八八年(別紙・開催一覧)からである。得意な分野をいろいろ持つ会員が、発表する舞台を与えられる。日頃、活動を共にしているだけに、発表者と受講者の一体感がある。批判にさらされることもあるので、緊張するものの、生きた学問を学ぶ喜びに変わっていく。調査研究発表の場とはいえ、学界ではない。独断と偏見も遠慮をすることはない。自由な意見交換の場である。

自治体と市民運動の連携のもとに、私も講師となって、「ごみと婦人の立場」をテーマに発表した。これは、ミニ講座と、小金井市の平成元年度環境週間とが、時期が重なったため、ミニ講座の一環として開催された。

もちろんミニ講座の回を重ねるたびに、当会のPRにもなっていることも事実だ。社会のあらゆる分野で系列化の進んでいる中、学閥、年齢、性別、職業をこえて、お互いが謙虚に学び合う場がミニ講座である。かつて東大の公開自主講座で、宇井純先生が提唱されていた〝自主講座運動〟のささやかな実践といえる。「野川を清流に」の自然保護・反公害運動を始めたころ、会員のなん人かが、自主講座の洗礼を受けている。宇井先生の播かれた種が、武蔵野の片隅に、新しい芽を出し、息づいている。

一九七三（昭和四八）年六月四日付朝日新聞朝刊「地球はひとつ　生命の広場」〝「六月東京行動」始まる〟の中に、先頭を切って小会が調布市公民館に約二〇〇人の市民を集め、『公開地域講座』を開いたとの記事があった。流域の各地で、「水辺の空間を市民の手に」を訴えるため、市民講座を連続的に催している。

(3) 悲鳴をあげる二枚橋焼却場

私がミニ講座で、ごみをテーマにしたのは、一九八八（昭和六三）年五月三日、小会主

◆ミニ講座開催一覧

第1回　1988年4月16日　小金井市公会堂
①ポピーの予言と日本人／丸井英弘（弁護士）
②レンズで見た野川の魅力／鍔山英次（新聞社写真部）
第2回　1988年5月14日　小金井市公会堂
①議会に生活者の息吹を／池田あつ子（都議会議員）
②今の行政をエコロジーの視点から見直せば／佐野浩（小金井市議会議員）
第3回　1988年7月9日　小金井市公会堂
①野川今昔・都市農業のゆくえ」／古谷春吉（有機農業研究家）
②玉川上水に「清流」復活／鳥井守幸（ニュースキャスター）
第4回　1988年9月3日　小金井市公会堂
①川から見た街づくりと市民参加／島正之（千葉工業大学）
②相続をめぐる諸問題／平賀睦夫（弁護士）
第5回　1988年1月15日　国分寺勤労福祉会館
①生きている水路／渡部一二（多摩美術大学）
②都市農地のゆくえ／室田一治（建設省）
第6回　1988年12月17日　国分寺勤労福祉会館
①日本に生きて21年——東南アジアの旅から——／若竹稜子（学生）
②自治体ウオッチング考／与川幸男（自治体・杉並区）
第7回　1989年4月9日　小金井市公民館東分館
①コンピュータ社会をどう生きるか／尾辻義和（会社代表）
②子供の人権について／関島保雄（弁護士）
第8回　1989年6月10日　小金井市公民館（小金井市の環境週間行事と合同）
①都市公園を中心として緑の保全／松永俊黎（自治体・東京都職員）
②ゴミと婦人の立場／池田恵子（主婦）
第9回　1989年10月22日　羽村町清流館
①女の眼で地域点検を／宮本加寿子（主婦）
②人と川とのつきあい／赤羽政亮（日本大学）
◇特別講演・多摩川は語る／三田鶴吉（会社代表）
第10回　1989年11月26日　幡随院（小金井）
①くすりの話／平林政子（薬剤師）
②ガン医療の現場から／荻原達雄（大阪大学）
第11回　1990年5月13日　国立市商工会館
①野川流域の社会調査／平林正夫（自治体・国立市）
②水系の思想——野川は一本／小倉紀雄（東京農工大学）
③水圏の構想——川は流れ　時は流れる／矢間秀次郎（自治体・東京都）
第12回　1990年10月13日　立川駅ビル
①市民科学の可能性／本谷勲（元東京農工大学）
◇特別講演・地球・水・思う／半谷高久（元都立大学）
第13回　1991年3月30日
①アメリカの環境保護運動／岡島成行（読売新聞社）・〈草笛演奏〉河津哲也

催の二枚橋焼却場見学会に参加したからであった。二本の煙突の見える公園で、昼食をとりながら、「二枚橋焼却場の公害から環境を守る会」の方々とも交流会をもった。

同年七月には、小金井市立東小学校PTA四年の学年行事として、親子で二枚橋焼却場を見学した。「ごみ教育」が社会科に出てくることで、なかなか好評だった。もし、私が二枚橋焼却場見学会に行かなかったら、「ごみ教育」をPTAで取り上げることもなかっただろう。自分たちの出したごみの行方を見て、あまりの悪臭に、親子ともども驚いた。「臭い」と言いながらも、熱心に見学していた。

二枚橋焼却場は、調布、府中、小金井三市の共同のごみ焼却場である。三市の五〇万人の市民の出すごみで、今や焼却場は悲鳴をあげている。そして、焼却場周辺の多くの住民が、悪臭と煙害に苦しんできた。小金井市の産業廃棄物を伊豆大島に、一般廃棄物を西秋川に搬入するという話がある。自分の所で出したごみを、なぜ、よそへ持っていって迷惑をかけるのか。二枚橋焼却場も、みんながごみ減量に努めるしか解決の方法はない。沼津では小さい焼却場しかなく、ごみを出してはいけないというモラルを、半年に二五〇回も集会を開き、沼津全域に広めたという。

ごみ問題は、生活全般に及ぶ。根気よく習慣づけていく日常の実践があってこそ、住みよい町になる。息の長い取り組みが不可欠な課題である。

(4)ごみ問題へ息の長い取り組み

一九七五（昭和五〇）年一〇月二〇日発行の『野川を清流に』第二六号「私たちの文化を築こう」に、「二枚橋ゴミ焼却場公害被害者から」という坂野百合勝さんのリポートがあった。

一九七六（昭和五一）年六月一四日、東町五丁目自治町会、つつじ会、はけの会、当会は、連名で二枚橋ごみ焼却場公害へ抗議と要請を行なっている。「野川を汚す排水を流すな」との一項がある。

一九七八（昭和五三）年三月六日付で、二枚橋衛生組合議会から公害被害地区の住民代表に回答があった。千余名の署名を集めて行った請願に対し、あまりにもつれない内容である。

①完全なる公害防止施設（エアカーテン、三段式電気集じん機、機械集じん機、中和洗滌器等）を早急につけること。②それらの最新施設を作ることが不可能ならば、二枚橋（煙突が低いため台地の住民に被害が甚大）は不適格地であるから、適地へ移転すること。これらは不採択になっている。

一九八〇（昭和五五）年六月一五日、二枚橋ゴミ焼却場公害防止のため、五〇世帯が協力して、市民の手で環境汚染の調査を始めた。市民の権利を生かす会が中心となり、地元の東京農工大学の学生有志が技術的な応援をして実現した。大気中の有害物質については、銀メッキ板腐蝕度の比較、悪臭に関してはキムコの重量変化を微量測定するという方法である。

一九八四（昭和五九）年一一月四日、自治会・つつじ会等の呼びかけで、「二枚橋焼却場の公害から環境を守る会」が発会した。

それからというもの、現在に至るまで、小会と二枚橋焼却場とのつきあいは続いている。

私は、『野川を清流に』の編集委員をしていた一九九〇年（平成二年）二月一一日、初めて女性だけ七人の編集会議を開いた。生活の中から、女性の視点でものを見つめ、もっとくらしに役立つ、読みやすい誌面づくりをしていこうという話になった。

第六七号から、「台所からの実践」を訴え、「ちきゅうにやさしいくらしってどんなの？わたしたちのくらしとゴミ」のシリーズをスタートさせた。

早速、ある読者から激励のお電話をいただいた。生活者の視点から、誰にでもわかる、すぐに実践できる生活の知恵袋のような誌面を少しでも作っていきたい。これが七〇〇〇部以上配布され、読む人の生活が知らぬ間に変わってしまうようになれば、どんなに楽しいかわからない。女性は、新しいものを生み出す力を持っている。これからも、ますます学習を重ね、よりよい機関誌をと、我子のように心をかけたいと思っている。

目に優しい、読みやすい機関誌づくりは、人の心を明るくし、世の中をよくしていく。社会における当会の役割は、市民の力を集めて調査研究し、地域社会・自治体・国へ公害絶滅、環境保全を要求できる市民運動の核となっていくことである。

小会からも有志が参画して、野川ほたる村、エコロジカル野川実行委員会、くじら山下原っぱを考える連絡会、地下水を守る会等、地域活動の輪は広がっている。

(5)「減らせ！ゴミ」市民集会

一九九〇（平成二）年一一月二九日、小金井市民会館で、行政、市議会議員四名、消費者達が約六〇名位集まって、市民集会がもたれた。主催は、生活クラブ生協、小金井生活者ネットワークである。

会員で市議会議員でもあった佐野浩さんからは、「出すな！ゴミ!!」の理念のもとに、「大量生産、大量消費、無計画な生産様式」により、「便利さ、快適さ、安さ」を求め、とうとう生命まで脅かすような環境破壊にまで及んでいるというお話があった。

小金井市一〇万の人口で、ひとり一万四〇〇〇円のごみ処理費用は、なんと一四億円にもなるという。ごみ処理有料化のお話も出た。

熱気あふれる会場では、とりあえず「家庭のゴミを減らすために——五つの提案」が出された。私も小会を代表して出席したが、今後、生活者の立場から、女性がまず問題に気づき、実践し、周囲を変えていくしかない。

(6)「分ければ資源、混ぜればごみ」

一九八七（昭和六二）年度の「婦人行動計画による環境問題講座」で、元沼津市長の井手敏彦さんから「成長の限界とは、資源がなくなることよりも、廃棄物を処分するところがなくなることである」ということをお聞きした。その講座で「分ければ資源、混ぜればごみ。減量は、まず分けることから」ということを学んだ。今ほど地球規模の環境破壊が叫ばれているときはない。しかし、もとを正せば、私たち市民の日常の行為の積み重ねによるものから地球規模の環境破壊というものは起きている。

台所という密室から出された家庭雑排水が、東京湾の水の汚染の七割を占めているという。そのことを思うと、主婦の立場とか、役割とかいうのはとても大きいと再認識する。一九九〇（平成二）年一一月三日から一二月二日まで、府中市市民会館で、全国友の会創立六〇周年記念「家庭生活展」が開催された。そのパンフレットから、「ごみの減量のために」を紹介させていただく。失礼ながら、そこへ加筆した。近年、簡易焼却炉で燃やすことは禁止されている。

ごみの減量のために

	減らす工夫	捨て方の工夫
生ごみ	**無駄なく使う**　和えもの炒め煮　軸は炒め物に　皮つきのまま大根おろし　しょうがの皮は煮魚に　干して煮る　茎も食べる　だしを取った昆布はつくだ煮に　果物の皮　オレンジピールにマーマレードに　**買いすぎない、作りすぎない**　ペットや野鳥のえさに　目安量も頭に入れて　冷蔵庫のものを腐らせない	ストレーナーにためない　ぬらさない　広告紙で作る　パンストをかぶせる　よく水を切りしぼって中味だけ捨てる。　堆肥・園芸用の土に　土に埋める　コンポスト利用
油	**上手に使いきる**　手作り石けん　残った場合、換気扇の汚れおとしなどに	牛乳パックに古紙をつめしみ込ませて捨てる
紙類	デパートの包装紙は裏紙をメモに、リサイクルへ　葉書・しおり・化粧箱　いす　ふみ台　トイレットペーパーの芯はくつ下の整理に利用　・古紙回収へ	簡易焼却炉　燃やす
不燃物	**買い物の工夫**　買い物かご、布製の袋、風呂敷の利用　パックされていないもの　容器を持って　びん、缶はリサイクルに　びん入り　袋をもらわない　※トレイをもらわない	われ物はくるんで捨てる（明記する）　パックを持って養鶏場へ　紙パックはつぶしてかさを減らす
家具類	・良い物を長く使いこむ(正しい手入れ)　・家具のリフォーム　・欲しい人にゆずる　流行に左右されない	

全国友の会創立60周年記念
「家庭生活展―よい社会は私たちの暮らしから―」より

(7) ごみの捨て方にも一工夫を！

今から二五年前、どこからか夫がＥＭ（有効微生物群）の話を聞いてきて、玄関先で実験をしてみた。すると、一つの苗から大きなトマトが一一個も収穫できた。我が家を訪れる人々が皆びっくりなさるのだ。

そこで、三〇年ほど前、岐阜県可児市ではじまったＥＭ活用の生ごみリサイクル運動が、全国に広まりつつあるのを知った。

一九九二（平成一一）年一二月、『野川を清流に』第七三号に、ＥＭを紹介させていただいた。あちらこちらから大変な反響があった。ついには新潮社から出版されている『しんら』創刊号にまで取りあげられた。なんと『しんら』のＥＭの記事で全国津々浦々から一五〇件の問い合わせがあった。

ＥＭで生ごみが有効堆肥に変身し、ごみ減量に抜群の効果があることは言うまでもない。小金井市や小平市でも行政から、ＥＭ使用に際し、補助金が出るまでになった。

清掃工場も埋立地もパンク状態の中で、市民全員が生ごみを堆肥にし、農薬や化学肥料を使わずに作物栽培や花づくりをすれば、どんなにか環境保全のお役に立てるだろう。

これからの課題は、マンションやアパート住まいの方々で土のない生活をしている人でも、行政などの協力で生ごみ堆肥を農業に活用するシステムづくりである。

神奈川県平塚市では、マンションの生ごみ堆肥を市が回収している。それは、市民・農家・行政が一体になって、地域循環型のシステムをめざした結果である。大量生産、大量輸送、大量消費の世の中から、生産者と消費者がふれ合いを持てるようになった。

燃やすごみの中には、当たり前のことだが、有毒ガスのダイオキシンを発生させるようなプラスチック類は絶対に入れない。

ごみの日に、ごみ停留所を回ってみると、意外にこのことが守られていない。ほとんどの場合、透明性のある袋となる。プラスチックのトレー入りで、ボンボンと捨てられているのが現実である。これは、一体どうしたらよいのだろうか。

塩素入りのビニール袋で、燃えるごみをポイポイと出すことが、大気汚染や水質汚濁につながっていくことを、どうか考えてほしい。

まず、できることから、身近な所で、一つ一つ行動を起こしていくしかないだろう。

今、牛乳パックのリサイクルがもてはやされているが、本来なら、びんの牛乳を飲み、それをリサイクルすべきものではなかろうか。

この原稿を書くにあたり、生ごみを台所に一週間もためて、毎日のごみの分量を計ったり、いろいろな会合に出席したりした。また、学習のための外出も多い。夫をはじめ、家族の協力なしには、何一つできなかったと思う。

子連れで合宿に参加したりして、周囲にも迷惑をかけたのではないかと思う。しかし、主婦が運動に参加することにより、家族ひとりひとりが、ごみに対して、真剣な考え方ができるようになった。ごみを通して、社会を見つめ、自分の無力さを知り、生活の自立と連帯を学んだ。

さまざまな分野の新しい友との出逢い、その人間関係から、新しき息吹を育み、自分自身が脱皮し、成長していくチャンスを与えられた。

入会しての特典――ミニ講座から、それぞれに発展し、知らないうちに、自分自身の生き方すら変わってしまう。学ぶ意欲さえあれば、どんなことでも吸収できる人材の宝庫がある。人脈は財産であり、次から次へとその輪は広がっていく。小会の活動や各種のイベントに参加した分だけ、自分自身もいつのまにか変身してしまう。これこそ、参加した者にのみ与えられる最大の特典であろう。自立と連帯を学び、運動の方向がわからなくなったら歴史へもどる。

市民活動二四年の軌跡に、「ごみと婦人の立場」が刻まれつつある今日、「やはりはじめたら、一〇年は手を放さぬことである」――宇井純先生の言葉がさわやかに響いてくる……。

参考文献

一、『都市のゴミ循環』押田勇雄編／ソーラーシステム研究グループ著／日本放送出版協会
二、『沈黙の春』レイチェル・カーソン著・青木簗訳／新潮文庫
三、『ごみと都市生活』吉村功著／岩波新書
四、『ごみと下水と住民と』森住明弘著／北斗出版
五、『いのちの水』中西準子著／読売新聞社
六、『暮らしの手帖』
七、『婦人之友』
八、『環境にやさしい暮らしの工夫』環境庁編／大蔵省印刷局発行
九、『公害原論』宇井純著／亜紀書房
一〇、『公害自主講座運動　公害原論』宇井純著／亜紀書房
一一、『都市の論理』羽仁五郎著／勁草書房
一二、『恐るべき公害』庄司光、宮本憲一著／岩波新書
一三、『地球を救う大変革』『地球を救う大変革2』比嘉照夫・琉球大学教授著／サンマーク出版
一四、『ZOOM―UP環境百禍』中村梧郎／日本生協連
一五、『合成洗剤恐怖の生体実験』坂下栄著／メタモル出版
一六、『てんとう虫情報』第47号／反農薬東京グループ発行
一七、『食品と暮らしの安全』日本子孫基金
一八、『廃棄物列島』廃棄物を考える市民の会発行
一九、〝ECO Pure〟EM環境浄化情報センター

ハケに生きる

――女の目に見えてきたもの

宮本　加寿子

一、滄浪泉園と私――湧泉とともに――

湧水は生きものである。地中からこの大地に顔を出して、その生が始まる。私はこの湧泉のある滄浪泉園緑地保全地区（小金井貫井南町）の〝ハケ〟上に住んで五〇年になる。〝ハケ〟という言葉は戦後、大岡昇平氏の小説『武蔵野夫人』によって人の口にのぼるようになったが、〝ハケ〟とは水の捌《は》けるところの意があると言う。水が湧いて水の捌けるところ、必然、人間が住みつき古代文化が育まれた地である。

古代多摩川が次第に東南に移行する途中で造った最も古い段丘の一つ、ここ国分寺崖線の〝ハケ〟には多くの湧泉があり、先石器時代の「はけのうえ遺跡」など古代縄文遺跡も多い。この〝ハケ〟の湧水が集まって野川は形成され、その地域や地形毎に様々な足跡を残しつつ成長、二一キロを流れて世田谷区で多摩川に入る。

滄浪泉園は、その野川の源泉の一つで、自然の植生がそのまま生かされている——と故・本田正次東大名誉教授に評価された地である。今日まで様々な経緯を経つつ守られてきたが、私にとっては胸の疼く思い出もある。この地に関わりのあった父と母、兄も、今は故人となり、その保全にかげで支えて下さった故・市川房枝さんも静かに見守って下さっていることと思うが…。

▲松平家下屋敷から移築された萱葺きの長屋門

昭和一〇年代初頭に私の両親が週末の休息と農耕に親しむためにもとめた地——いわば別荘が滄浪泉園であった。大正期、波多野承五郎氏が自然の景観を生かしてその基盤を型づくられた。〝ハケ〟を巧みにとりこんだこの庭は三段にわかれ、最上段の〝ハケ〟上には一〇〇〇余坪の畠と住まいがあった。麹町から移築したという松平家下屋敷の長屋門は萱葺き、二枚の大扉には金具の乳がついていた。くぐり戸のついた袖側は細い覗き格子のついた門番の住居であり、時代劇映画にでも出てきそうな構えであった。この門からもみじのトンネルとよぶ、砂利道のアプローチは長く、その先の台地に庄屋屋敷であったという母屋があった。

(1) 庄屋屋敷の構造

この庄屋屋敷は徳川二代将軍の頃の建立とか、日野から移築したものという。三多摩地方に当時建てられた二軒の大庄屋屋敷の一つとか。

一階の面積一〇〇坪余、三階建の入母屋造り。萱葺きの屋根の厚さは一米程もあり、釘を使わず組立てられたという太い柱、梁に支えられていた。式台付の玄関のたたきの柱には馬繋ぎの環が付いていた。一〇畳、二〇畳の部屋は建具を外せば大広間となる。最奥の部屋は床の間、違い棚、天袋、地袋付の本格的日本間であり、古風な大きな欄間があった。便所は明治、大正期の政治家で非常に体の大柄な野田大塊氏がこの家を訪れた時、その広さを喜んだという。

東南に三〇畳程の土間があり（栗の木の寄木造りの床にして応接間としていた）、代官が出張して裁きもしたところ、つまり白洲にもなったところと説明した人がいたが、欅の立派な階段が二段つき、その上にこれまた大きく立派な腰付きの障子があり、その向うは二〇畳程の畳の間であった。まさに江戸時代のドラマの奉行所風景を偲ぶことができた。

台所には黒々と光り、焚口の三つある見事なかまどが坐っていた。鍋釜をかけるところといい、焚口といい、薪の置場といい、まことによく考えてできていた。廊下は欅の一枚板であったから、現代のエンコ板のような貼方とはちがい横桟であった。以上がかつて存在した母屋の概況である。萱葺きの屋根はその手入れに費用も人手もかかったが、すさまじい蚊さえいなければ夏の涼しさは、快適であった。

さて、庭の中段は湧泉によってできた一〇〇〇平方米余の池と茶室のある台地があった。池は武蔵野の雑木林と〝ハケ〟の崖にかこまれ、茶室のまわりは、池から流れ出た小川の一方が緩やかに廻遊していた。その台地には春秋の七草が姿を見せ、花菖蒲、あやめが色を添え、柿、梅が稔った。周囲は欅、樫、紅葉、の大木が亭々と聳え、傾斜地には春蘭、えびね蘭、ムサシノ蘭、キツネのカミソリ、そして、わらびも自生していた。春蘭はその花を梅酢漬にして味わう程、姿を見せた。

池の西南の台地には大日堂と呼んでいた祠があり、その下方の杉林の中、茶の木の並ぶ傍には馬頭観音があった。茶の木の並び方といい、馬頭観音といい、かつては往還のあっ

▲滄浪泉園の森と水（1984年　撮影・鍔山英次）

たところと思われる。大日堂は戦時中、颱風で倒れ、馬頭観音は今は台座だけが池のほとりに据えられている。

最下段、池の南側の堤防のような築山の下は以前は、恐らく水田であったと思われるが、芝生、畑となり、池から滝を経て流れ出た小川がここも廻遊して竹林の中の水車小屋へと導かれていた。それから先は野川へと合流。その流れには芹がはぐくまれ、黄菖蒲が自生していた。この水車小屋は相当に大きく、五〇坪程の納屋がついていて、何故か大きな丸木舟が入っていた。

⑵ 壊してしまった景観

以上が、滄浪泉園のもとの地形であるが、築山の下方と、茶室のあった台地、水車小屋のあった地の一帯、つまり現在、一戸建ちの住宅二〇数軒の建つ、滄浪泉園ハケ下、南側隣接地の一帯は、父の死後、程よき住宅地の提供をとの勧めから昭和三〇年代後半、造成分譲にふみ切った場所である。住んでいただいている方々には恐らく心地よい住宅地であろうと推測はするが、もとの姿は、「覆水《ふくすい》、盆にかえらず」の喩《たとえ》通り、原形を壊すべきではなかった！ との想いと悔いは日々強い。地域の周囲の方々は「アッ！ あの林がなくなる！」と造成の音をききつつ惜しんで下さったという。造成後、この泉園を訪れた知人が「アッ！ 惜しいことを！」「何とバカなことを！」との嘆息も発した。しなければならなかった造成ではない。ハッと気付いた時は遅かったという愚かな事をしてしまったのである。

自然をそのままに生かしていたこの庭は、少しも造られたにおいがしなかった。造られた恰好にならぬように手入れをしていた。父と母は自然のあるがままを好み、尊しとした人間であった故か、私生活も飾る事を好まなかったし、何より農耕を、自然の庭をいつくしんだ。ただ戦時中は、薪の供出という制度が実施され、雑木林を持つ家は割り宛てられた量を整えて出さねばならなかった。今暫く戦争が続けば、この制度が続けられて、滄浪泉園は丸裸になっていたかも知れぬ、何より軍事優先の世であった。伐採等の費用は持主自弁である。その命令が来る度に両親は一本一本見て廻り「ごめんなさい」というように間引いて伐採させていた。命失った樹が薪束となり高々と積み上げられていたのを思い出す。戦争は自然にとっても最大の破壊者であり、戦火に焼かれれば、一木一草、その土までも焼け焦がす。間引かれつつも残った滄浪泉園の緑地を、よしとせねばなるまい。

滄浪泉園北側の連雀通りに沿う、今は宅地となり、中層社宅などの建つところは、一〇〇〇坪余の畠であったところで、陸稲を始め西瓜、まくわうり、蔬菜類から、小豆、胡麻も作っていた。枝豆、そら豆、とうもろこしの新鮮な味は忘れ難いし、竹の子、銀杏、栗の類も季節の味を提供してくれたが、本宅へ帰る時、これらの産物をずっしり持たせられるのには閉口した。客をもてなすには、これらの産物による料理に池の鯉の料理などが宛てられた。池にいるエビ、カニ、川エビの天ぷら、エビガニのマヨネーズかけも中々の味であり、畑の陸稲のもち米で蒸した母の得意の栗御飯も好評判であった。都塵を離れ、新鮮な自然食ともいうべきものの接待は戦前も大いに喜ばれたのである。一木一草、その声をききつつする庭の手入れも、畑の作業も、週末だけ訪れる家族だけでできるものではなく、別荘番の夫婦や、他の人の手も勿論加わってはいたが、私も妹も、ここで薪割りを覚え、畑に収穫に行って惣菜の煮炊きをし、かまどで御飯をたかされた。

一九四五（昭和二〇）年四月、空襲で四谷の本宅が焼けて滄浪泉園に本住まいとなり、終戦時、三井鉱山の会長をしていた父が追放の身となってからは、職業は農業と書く程に本職もどきとなり、陸稲、芋類の供出もした。戦後の混乱期に家と食物にありついているという事は恵まれたことではあったが、山羊を飼い、兎を飼い、鶏を飼う自給の生活は、その労働に忙しく、辛くもあった。しかし復員してきた兄の友人達、また、外地から引揚げてこられた父の仕事の関係の方々等が訪れれば、せめてうどんの一つも打ってもてなしたい。母は粉を挽き、私と妹はうどんを打ち、雑穀混りのパンを焼いた。

〝ハケ〟の湧水、つまり池の水は当時、生活用水としても私共一家は大いに利用していた。〝ハケ〟上にある母屋には、一〇〇尺（三〇米）の深さの井戸から五馬力のモーターで汲み上げる水道が設置されていたが、電力制限、停電頻発の当時、その五馬力を、人力に替えてモーターを動かす事は至難の技である。私は手伝いの者と、よくバケツを下げて池の湧水を汲み家までリレーした。風呂水を汲みこむ時などは死にたくなるような思いであった。しかし、当時は当り前の味として享受していたこの水は、いつも一五度位の水温で、良質の飲料水の条件を満たした甘露であったと思う。この湧水でいれるお茶も、この湧水で打ってさらすうどんも、美味であった筈である。

そだや松ボックリを拾い集めてカマドのエネルギー源とし、川で米をかしぎ、洗濯をする生活を五〇余年前の若き日にたっぷり味わった。桃太郎童話できく分には自然の中で優雅にゆったりときこえるが、実際は大変体力を使う仕事なのである。

⑶ 泉園を教育の場に！

戦前、父と母は未来の滄浪泉園の使い道、在り方にある構想を抱いていた。父が閑職にひいたら、ここで母と幼稚園をつくろう、というのである。それも身ぎれいに、リボンでもつけたお利口さんもどきを集めるのではない。泥んこの子供さん、天然の中の寵児をはぐくみたい。この緑の大地で木登りも、それなりの畠仕事も、花作りも、小川遊びも、泥んこ遊びもさせたい。農家の子供さんも、商家の子供さんも、サラリーマンの子供さんも、みんなみんな、普段着のまま集まって、社会人の第一歩の共同生活をさせたい。恵まれた自然の中で自然の声をきかせたい。自然をいつくしむことは、人間をいつくしむことでもある。思いきり共に遊ぶことをさせたい。何の遊び道具もいらぬ。必要なのは、あるがままの自然である。竹の子がとれ、きのこがとれ、蕗がとれ、銀杏が稔る。藪もある。駆け登り、駆け下りる〝ハケ〟の崖縁もある。鯉、エビがに、ハヤの棲む池も、笹舟を浮かせる小川もある。熊笹で笛も吹ける。大きな水車小屋もある。子供は好奇心にかりたてられ、走りまわるだろう。芝生の築山や広場では大の字に寝て空を仰ぐだろう。大きな大きな空のにおいがわかるだろう。

こう書くと、何やら夢の理想の場のように思われるが、自然のささやかな集積場としての滄浪泉園であったのだ。父と母は体中を使って成長する時期の幼児の基礎教育の一助にこの滄浪泉園を使いたかったのである。オープンシステムとでもいおうか、そんな幼稚園があってもよかろう。海外のも参考に見てまわろう——そんな事を話し合っていたのである。

ただ戦時中の英国首相（チャーチル）、にどこか似ていると言われた父の風貌は決して温和な優男ではない。「そんなこわらしい顔をしていては子供さんに嫌われますよ」と母にいわれ、その母は、日本の元首相（鳩山）夫人に髪型などが似ているといわれていたので、「お前もこわがられるぞ！」などと父に言い返されていた。だが戦争は多くの人々の人生の歯車を狂わせたように、父も戦後追放、一九五二（昭和二七）年解除後は病に倒れる身となり、一九五九（昭和三四）年、七年の闘病の後、七六歳で他界した。

⑷ 破局と市民

それから一〇年、兄がある会社に滄浪泉園の土地の一部を担保保証として提供、その会社の計画的倒産から端を発し、利権をめぐる人々が跳躍し、遂に滄浪泉園を手離す事になった。公園としての買収を求めたが、市も都も、規模が足りない等のことで、つまるところ実現不可能という。

利権にむらがる人々は、この時とばかり甘味に喰いつく蟻とでもいいたい状況を呈した。

かつての構想は果さなくとも、せめて公園のような形にでもして残したいとの母の気持も通らぬこととなり、市川房枝さんに相談、都に働きかけていただいた。究極、様々な経緯を経て、自然の植生がそのまま生かされているとの評価を得、都の保全緑地として再生されることができた。その間、いくつかの市民グループの方々が、熱心に運動しておられた。「おられた」と傍観的な書き方をしてしまうが、戦前所有の半分以下になっていたとはいえ、三〇〇〇余坪のこの庭は、社会的状況からみても私有すべきものではないとの判断が母にはあったし、現況を壊さずに生かしてほしいとの思いは誰よりも強かった筈である。

心安まらぬ日々が続いている時、市民運動をする方々の中に、その目的とする保全のためには、いささか私達の心につきささる言葉というより、推測、憶測をまじえた言動をされることがあった。果ては広い土地を私有していたのは呆れる、うまいことをしていたのであろう、というような言葉さえきかされた。結婚して姓のちがう私の耳には容赦なく入ってきた。また、縁につながる者とわかると、一〇〇坪、五〇坪、いや三〇坪でよい、分譲してわけてくれ、という方々は引きもきらず、すさまじいばかりの毎日であった。突然、思いもかけず三〇〇年を経た母屋が破壊された時は、パトカーに来てもらい、崩される家の前に涙をのみつつ仁王立ちになった。そんな中で、市川さんは的確な判断のもとに終始、指導、はげまして下さった。

かくして滄浪泉園は緑地保全の公園として守られ、一〇〇円払って入園する老若男女を静かに受け入れている。集団で、ただ散策するだけの小学生、幼稚園児の声もきかれる。パズルも遊戯道具もないがここに入れれば、わづかでも自然の寵児になって下さるとも思う。心ある方々の意を生かし得た姿として、市民の方々の水と緑への出合いの場ともなっている。

春の新緑、秋の紅葉、冬の雪景色、四季折々の変化も楽しい。今は失なわれてしまった動植物もあるが、まだ野鳥、渡り鳥の類も見られる。だが、このささやかな泉園が、美しい形を保ち支えられて行くには、整備の仕方と公共の場に対する、個人の公共意識、とでも言うべきものが、まず必要である。たかが一人、されど一人の力が、無関心、無法の方向に働くと、恐ろしい程のエゴを現すことがある。滄浪泉園が個人所有から都へ、正式に譲渡された翌日など、善良なる市民とみられる方々が、白昼、ゾロゾロと垣根を破って侵入し、植木といわず、池の鯉といわず、堂々と持ち去り始めた。子供さんの手を引いた姿まであった。掠奪ともいいたいさまは、池の真上に住む私には丸見えである。管理規制の中に生きる市民が、その間隙をぬって、とでもいおうか。法的規制も必要であろうが、できれば、そのようなものは機能させたくない。われらのコミュニティを如何に構築保善して行くか、縦割りならぬ横つなぎの意識が最も必要と思う。

地域の市民運動、環境保全の問題を見る時、草の根から行政を動かし、アメニティの世へと発展させた例も多く見られるし、狭い日本こそ官民一体となって、自然保護を考えねばなるまい。行政と市民との接点としての市民運動は有効に機能させたいが、みんなで渡れば恐くない式の無作法は困るし、良識ともいうべきものも忘れたくない。そうして行政も、歴史遺産や自然をあるがままに生かす調査と管理を求め続けてほしい。都市の中の湧泉のある緑地、滄浪泉園をよりよく生かし続けるためにも。

二、野川をよみがえらせる市民グループとの出会い

(1) 地域に足をつけた運動を

一九七二（昭和四七）年の春であったと思う。

市川房枝さんに「あなたの住んでいる小金井のハケの下の方を流れている野川のことをしらべている人達がいるよ……」と、矢間秀次郎さんと与川幸男さんを紹介された。ともに都の職員で三〇代の青年であった。

暴れ川の異名を持つ野川は、当時ドブ川と化し、三面張りのまさに下水路と化しつつあった時である。だが、この川にも、まだ細々と生き残っている魚類を発見したのを契機に、

この人々は水辺のある地域に住みよい環境をよみがえらせよう、水辺とともに生きよう、と「水系の思想」をかかげた。そうして「調査なくして発言無し」を信条に、野川を軸に市民グループで、素人の市民が科学する心をフルに発揮、調査して歩いていたのだ。その調査の結果を懸賞論文に問うたところ、入選したので、『水辺の空間を市民の手に』という記念冊子を出す計画をたてた。それに私にも一主婦の目で感じたままを書いてほしいというのである。「野川の源泉の一つを見続けて暮しているのだから思いのたけを書きなさい」と市川さんはいわれた。

一万部発行されたこの冊子は、今は〝幻の書〟と評価を受け、水辺に着目した最初の本といわれる。ここに収録された市川さんの「婦人として市民として」という文章を抜粋させていただく。

「私の親しい友人が、小金井市貫井に住んでいる。その友人から、ハケが無暴な道路と下水道行政によって涸れてしまう、という相談をもちかけられた。……中略……

『水辺の空間を市民の手に』という素朴な市民の願いは、おそらく多くの共感を呼ぶものと思う。〝かけがえのない地球〟、〝環境破壊〟という言葉は、絵空事ではなく、もう足元まできている。そして、大事なことは、その足元のことをその地域の人たちが、真剣に考えることだ。大きなことを言っても、自分の住んでいる地域のことに関心がなければなんにもならない。……中略……

主婦も家事や育児などで決して暇だというのではないが、地域に足をつけているだけに〝市民として〟大いにその知恵を発揮してもらいたいと思うのである」

市川さんは地域に密着して生きる主婦にその潜在の力の発揮を望まれたが、老人、子供にとっては殊に身近な環境は重要な意味を持つ。

この冊子への私の一文も転記させていただく。

*

(2)「ハケ」に生きる

よごれる水

「山紫水明」という言葉があるが、今の日本は「山茶水濁」になりつつある。自然を濫りに使い過ぎた結果は自然の破壊どころか、廻り廻って人間の破壊さえ始まっている。「野川と社会開発」の論文を拝見してこのような姿勢を持った方々がおられることを知り、まことに嬉しかった。

私はこの小金井のハケの一部、泉の傍に住んでいるが、この泉も涸渇の憂目をみるやも知れぬ状態にある。二〇メートル幅の計画街路と流域下水道幹線の敷設のため、泉のすぐ西側の段丘が削りとられ、地下に六メートル幅の下水管が走る。緑の雑木林は伐られ、コンクリートの路面のみがふえる。この段丘には縄文土器が埋没しており、泉に沿って古代人が住んでいたらしい。

滄浪泉園と呼ばれるこの庭の泉は、せせらぎの音を立てて湧き出て、その澄んだ水は手に掬《すく》って飲める。勿論魚類も棲息している。一〇〇〇平方メートル余の泉の水は流れて野川に加わるが、その先は論文にある通りの現状で、かつての蛍、蛙、芹等の動植物は姿を消してしまった。この庭も一歩外は排気ガス漂う交通戦争の街路であり、皆さんが、今は貴重と言ってくださる緑も水も何時まで生きたものとしての存在を許されるかわからぬ。七〇余歳の母は水守《みずもり》よろしく、湧泉の地面に浮く塵を攫《さら》え、湧口や水門の詰りを除く。〝人間の存在は水あってのこと、水と文明のつながりは歴史が語ってくれる〟と母はいう。この泉に遊びに来られる子供さんは、喜々として自然の寵児となる。小川、せせらぎ、自然にふれて育った子は恐らく自然破壊を思い立つような大人には育つまい。コンクリートの文明とやらの中で自然のままの水も土も知らずに育つ子供は、人造人間のような成長をするのではあるまいか。

自然との共存

願わくば、この野川の水辺を自然の姿に生き返らせたい。自然を蘇らせるには時間がかかる。また河川には多目的な役割を持たせているので、これが互いに競合したり矛盾する面も持っている。しかし万博で調和を唱えた日本人である。自然の多様性を生かし、謙虚に共存して生きたいものである。明治の文明開花を唱った言葉に「第一欠けたは公徳で、その次欠けたが公共心」と戒めたのがあったが、一〇〇年後の今の私達にも通じるものがあるように思う。平然と川を汚す神経、日本列島総汚染もその辺に起因するのではないだろうか。

経済発展を至上主義にした人間社会の驕りが天に唾する結果とならぬよう、多くの方と手を取り合って行きたい。

＊

さて、市川さんが「ハケ」に住まう者として思いのたけを書きなさい——といわれたことにはその前哨戦ともいえるものがある。

市川さんが書いている道路と下水道行政とは、現在の貫井トンネルのある都道二一一号線のことである。滄浪泉園の西側に隣接している。

昭和三〇年代のある日、都建設局の第三特建というところから都道二一一号線建設について説明会を催すので……と出席を求める通知がきた。道路建設予定地となる地域の地権者が集められた。その説明によると、以前の小金井市による説明の計画道路巾が倍近くに拡がっており、滄浪泉園の湧泉のある池の西側台地はがっぽり削りとられることになる。この計画が実施されれば池の湧泉の地下水路がたちきられるおそれがあり、削りとられる台地の森林は地下水の涵養林の一部でもある。びっくりした母は、私を伴って第三特建の事務所に赴いた。公共的道路建設に絶対反対はせぬが、地質、地下水、環境について大いに考慮、研究してほしい、と申し入れた。しかし当時の行政の関係者には、道路予定地の一歩外側は全く関係のないこと、関心のないことであった。殊に私有地である場合は何かゴネにきたのか？　とさえとられかねない雰囲気であった。経済の高度成長に国中が酔い痴れていた時である。たかだか私有地の緑や地下水がどうしたというの？　といいたげであった。住む場所は充分にあるのでしょう…とも。

軽くあしらわれ、厚い壁に蟷螂《とうろう》の斧の如き思いで引き下がらざるを得なかった。勿論、現地を見にも来ない。どうにも通じぬ話なのである。その後、美濃部都政となり、市川さんが都の参与となられた頃、思い余って相談した。市川さんは現地を細かく見て、これは私有地云々の問題ではない、と早速、都に申し入れてくださった。その結果、行政サイドで「ハケ」の湧水、地下水脈、井戸の調査が始まったのである。

三多摩問題調査研究会の矢間さんと与川さんが市川さんを訪れたのは、以上の経緯があった後のことで、それが私と会との最初の縁となったのである。
それから一〇年を経た一九八六（昭和五七）年、次のような小文を入会申込書に添附して提出、「新会員の紹介」として機関誌『野川を清流に』第五七号に載り、私は三多摩問題調査研究会の会員となった。

＊

(3) 水と緑の守り手との出会い——女性の生活感覚を生かす

私は幼児期に、雪解け水を集めて流れる河川、草萌ゆる大地、子供を遊ばせてくれるせせらぎの小川、それらを体に感じつつ北海道で育った。学齢に達した時は東京の四谷で庭に土はあれど校庭も道路もアスファルト、山も川も望むべくもない都会の生活であった。

しかし両親が週末の休息と農耕に親しめる自然を求めて、昭和一三年、この小金井に草屋を持ったことが私と小金井との縁の始まりである。当時、滄浪泉園の北側都道の周囲は殆ど畠であり、桜並木と松林もあった。都立小金井工業高等学校の東側には一米幅位の川が南下して流れ、芹を摘んだものである。

一九七二（昭和四七）年頃、故市川房枝さんの仲立ちで矢間秀次郎さんと与川幸男さんにお会いする機会を得た。『水辺の空間を市民の手に』という冊子を出すのでハケに住まうものとして小文を書けとのことであった。月刊誌『地域開発』の懸賞論文に三多摩問題調査研究会が応募した『野川と地域開発』の論文が入選した記念誌である。その中で市川さんは「環境破壊は足元まで来ている。その足元のことを野川という地域の問題から出発している点に着実で説得力のあるものを感ずる…」と評価し、戒能通孝氏は「川を死なせてはならぬ…」と、半谷高久氏は「技術主義の破綻」を、篠原一氏は「水系の思想と林系の思想」等々を説いておられる。これらは今も問われ続けている問題提起であり警鐘である。

一九八五（昭和六〇）年、中国大陸を旅する機会に恵まれ、百年河清《かせい》を俟《ま》つという黄河を、渦を巻く長江を目のあたりにしてきた。蘇州の疎水で百年前と変らぬかの様に洗い物をする風物に接した。

省みてかわいい我等の地の野川よ、かつての日の生物を蘇らせた清流となって人間の親水の場を与えてほしい。その為には何を為すべきか、何ができるであろうか、と問い返しつつ沸々と湧く思いは切ない。

宇井純氏（沖縄大学名誉教授）の言われた「水のある星、地球」とは美しい言葉である。

人間の心も体も、そうしてこの大地も乾ききったものとならぬことを祈る。みずみずしい二一世紀を迎えたい。

(4) 市民としての成長

こうして共に運動を担う身となり、一九九一（平成三）年から五年間、永く会長の任を担ってこられた本谷勲・東京農工大学名誉教授に代って、その任についた。いささか大きな手術を受けた後の身ではあり固辞したが、会員の方々が共に担おうではないかと勧めてくださった。

我々の会は当り前のことといわれるかも知れぬが、老若男女その職業を問わず共に考え共に働く市民グループである。それは普通の主婦の私が会長職にあったことでもわかっていただけると思う。

三多摩問題調査研究会の発祥の母体ともいうべきものは、法曹をめざす研究グループ、小金井司法研究会である。

日本の市町村には、その地域に根づいた弁護士がいないところもある。市民の立場で地域を考え、地域を守る為の弁護士がいない。つまり無医村ならぬ無弁村ともいえる状態である。小金井の市民の中から、〝市民法曹〟をつくる学習運動が昭和四五年に始まり、すでに多くの法曹が巣立っている。会には、司法研究会出身の弁護士は勿論、地元の大学の先生、学生、サラリーマン、主婦、とその職業も年代も様々な人々が参加していた。

私が会との縁を得てから一〇年を経て、何故入会したのか自問してみることがある。癌の宿痾《しゅくあ》を持つ身であることと、働き盛りの夫、育ち盛りの子供という家庭の主婦業に忙殺されていた年月を過す身ではあったが、その私のところへ、折にふれ、機関誌『野川を清流に』が送付され、折々の行事や勉強会の通知が舞いこんでいた。時折、そうした会に出席すると、アッ！　と我が身を省みざるを得ないことが多かったし、我が手が汚染の一翼をかついでいることを痛切に教えられもした。河川を汚染する原因の六〇%が生活排水であることなど……。

そうして、こうした通知に接する度に「アーまだこの会は続いているのだナー」と内心感嘆してもいた。その運動は、様々な難事にぶつかりながらも、牛歩の如く緩くとも、粘り強く続いていた。環境保全のラッセル車であったのだ。大向うをうならせるような派手なものは何もない。忍耐を要することも多々である。しかし人間生存の原点を見据えてシコシコと行動し続けている。「そうだ入ろう！」と思った時が一〇年目であったのだ。組織だった市民運動に入ろうとは思ってもみなかった私ではあった。三多摩問題調査研究会と私とのつながり、来し方は以上のようなものであり、市民としての成長も、私の生活圏を離れた方々と接することで大いに得させていただいたと思う。

市川さんは地域を守るのは女性の目と力が必要といっておられたが、男性女性ともにあって、その目、その力が有効に発揮されることも痛感した。殊に昨今は、男女ともに職を持ち、昼間、コミュニティは空っぽということもあるのだ。

⑸ 市川房枝さんへの想い

戦前、戦中、戦後を生きてきた私の年代は時代の激変に翻弄された世代ともいえる。そうして、私達の子供が、かつて我が夫達が戦場に赴いた年代に近づいた時は、安保騒動の時期であった。

女性の物指しだけでは判断も展望も持ち得ないことに直面し、試行錯誤の末、市川房枝さんの主催しておられた婦選会館の講座に通った。我が思考の物指しをもう少し広くしたかったのである。そこで「会館ニュース」の編集のお手伝いなどしながら、ここでも市民の目を、いささか養わせていただいていたとも思う。今、市川房枝記念会となっている婦選会館のニュース誌に市川房枝生誕一〇〇年（一九九三年）を記念して、小文を書いた事がある。土着の勤勉さを生涯持ち続けて露草の一つをも愛したこの方の一面を紹介しておきたい。

＊

昭和三〇年代の選挙の時であったと思う。母は私に市川先生のポスターを一抱え持たせて訪れた先は保守系の家。「このポスターをお貼り下さってもお宅様のお人柄にキズのつくような事はございません」と言ってのけた。つまり保守、革新を問わず母にこのような言葉を愧じる事なく言わせるものが市川先生にはあった。三〇年前私が婦選会館の講座に通い始めた頃、教室でふと振り向くと最後列に腰掛けておられる先生の姿があった。講義を見に来ておられる顔ではない。ノート片手に熱心になる程に顔は前に突き出され、頷く程に口許はオチョボになっていた。

しかし学ぶ事を我々に勧めつつも、教えられた事を全部丸呑みにしてはいけないとも言われる方であった。

先生におくれること六年、母は九〇歳の癌で不帰の旅についたが、その一ヶ月程前、「市川先生におことづけはありませんか？」と問うて、見舞って下さった山口みつ子事務局長をドギマギさせた。「お久しゅうございます」と来世で先生にご挨拶したであろう母を先生は皺《しわ》の中から輝いていたあの目で迎えて下さったと思う。会う人に今一度会いたいと思わせる魅力を備えた方であった。

三、ゆたかな人間交流の媒体――『野川を清流に』

⑴ 会員の汗の賜物

機関誌『野川を清流に』は、一九九五（平成八）年現在七六号を数える迄になった。三〇年前、薄い二頁の単色刷りで発行を始めてから細々ながら続けて、今は、二色刷り一二頁、年三回、七八〇〇部を発行できる迄になった。水や地域環境等に関する我々の研究結果や研究者の意見、問題提起、関係図書案内、行事案内等々を市区町村毎の特集を組んで発行している。ささやかな情報誌だが多くの方々の協力を仰ぎつつ、会員の汗の賜物と言える。会員が企画し、執筆を依頼して、広告集めに奔走する。校正や、発送を終えると、各種の集会へ行き無料配布する。

執筆依頼の思い出の一つを記させていただく。一九八五（昭和六〇）年、五六号から八回、「野川流域をあるく」という巻頭文のシリーズを組んだことがある。第一回小金井特集を串田孫一氏に、第二回の国分寺特集では増田四郎氏にご執筆いただき、第三回は世田谷特集、大岡昇平氏にお願いすることになった。野川は世田谷の兵庫島のあたりで多摩川に合流する。大岡氏は世田谷区成城に住んでおられる。その合流する前の野川を書いていただきたい。何のコネも持たぬ一市民グループの我々である。さてどうしよう？　ダメでもともと、あたって砕けろとでもいおうか、私が依頼状を書く破目になった。何日か悩みながら拙ない一主婦の思いのたけを書いて郵送した。

案の定、何の音沙汰もない。毎日を諦らめつつ、そうして一縷の望みを抱きつつ過して一ヶ月が過ぎた頃の夕方、食事の仕度をしていた時、鳴った電話の向こうの声は「モシモシ宮本加寿子さんいますか？　私は大岡昇平です…」と。「アーァ、ハイハイハイ私でございます」、私は声にならぬ声を出した。「ご依頼の件、承知しました。書きましょう、東京を離れていたので返事が遅れて済みませんでした。ついては次大夫堀の事を書こうと思うので案内してくれますか……、家内を連れて歩くがよいですか」。私はまたしても声にならぬ声で「ハイハイ」と繰返すのみであった。

▲世田谷・次大夫堀公園を取材中の大岡昇平氏ご夫妻、左端が筆者（撮影・下重喜代氏）

(2)作家魂にふれる

次大夫堀公園を案内する日、矢間秀次郎さんと共に車で成城のお宅にお迎えに行った。その車は下重喜代さん

（ミニコミ紙アビー主宰）が運転を申し出て下さったツードアの小型車である。その小さな車に大岡氏を押しこんでしまった。後部座席に奥様にもぐりこんでいただき、大岡氏は助手席に乗っていただいたのだ。ギチギチの車で走りながらも大岡氏は「アッ！　ちょっと止めて下さい。入母屋かナ？」などと古い家や萱葺き屋根が目につくと静かな好奇心を見せられた。次大夫堀公園に着くと杖を手に運動靴の足をトツトツと運びつつ細かく光らせる眼は分厚い眼鏡の奥できびしかった。かがみ込んで流れる水をにおい、手に掬《すく》い、曝気《ばっき》法を利用した流れのところでは「ナルホド、ナルホド」と頷いておられた。質問を受ける度に私は唾をのみ、殆ど答えにならない。資料も知識もともに不足なのである。半日をご一緒に過したが、作家のきびしい姿勢をのぞかせていただいた思いがした。

後日、御礼の稿料をお届けに伺った時、「アァ、お金をいただけるの？」といわれ、奥様に「お金をいただけるんだって、領収証に印を押してあげて」と。会からの心許りの稿料を差出す背中に汗が流れた。その時、我が家の庭に稔った銀杏の炊きこみ御飯を添えて行ったが、後日再びお目にかかる機に恵まれたとき、「あの時はおいしい御飯をありがとう！」と言われ、再び背中に汗がにじんだ思い出がある。

『武蔵野夫人』を書かれた大岡氏にゆかりの野川、それを軸に運動を続ける市民グループの機関誌『野川を清流に』である。植物学者、故本田正次東大名誉教授が書いて下さった題字を表紙に皆と汗を流しつつ発行を続ける。川を泣かせぬために！　水のよいところは美人、長命といわれるが、この情報誌が自然環境と命を身近なことから考える地域のサロン的存在になってほしいと希う。

四、子供と自然——親水ロードの構想

(1) 水の心を失わぬために

近頃は、地方自治体の選挙でも、「ふるさとふれあい事業」とか「歴史と緑の散歩道」とか美しい言葉とともに環境問題が採りあげられる。環境派の味付をすれば、票につながる世となったからだろうか。企業でも、「環境気配り度」などが発表されたり、サミットの課題としても地球規模での環境問題が大きく採りあげられ、国際的につながるものとなってきた。近代化、都市化とともに開発の波が各地を襲い、自然の急速な破壊を招いた。

経済至上主義によって、すべてが判断、決定されてきた狂乱ともいえる時代を経て、我々人間の住むこの地球は自然のサイクルが狂い始めたようである。人間は自然の産物であり、その中で生かされている。自然を破壊するサガを持つとしたら、自らの基盤を失うだろう。自然をこわす事はできても虫一匹つくれないのが人間であるが——。その自然とのふれあいに欠けた暮らし方は、子供達に、いや人間に、何をもたらすだろうか。

都市化の果ての緑の欠如が、校内暴力と重なるというデータがある。緑と水が人間のからだの生態に不可欠なばかりでなく、育つ子供の心に及ぼす影響は計り知れぬものがある。

東京大学の伊藤滋教授は、「都市工学や建築研究者の間で、最近流行している手法に、環境が人間に与える影響を、数値化して組入れるやり方がある」といわれた。

文化的生活の名のもとに緑と川は姿を消しつつ、水の浪費はふえる一方である。都会に生まれ育つ者の多くは冷暖房はスイッチ一つ、水は蛇口をひねれば無限にほとばしり出る物、おいしいと称せられる水はマーケットで買えばよいと思っている。水を大事にしよう！　などといっても、ヒネルトジャーしか知らぬ子は大事にすべき物の本来の姿に接する事の無い環境でその心が育つ筈がない。自然の営みは教材として位しか知るすべがない。コンクリートの建造物に住み、アスファルトの道路を歩き、これまたコンクリートの構造体の学校、校庭、という生活様式が多くなりつつある環境である。

我が家を訪れて下さる子供さんもパズル、ゲームは見事にこなしても、自然と附合う事は不得手である。跣足《はだし》になるのも恐い、汚い、木登りなど勿論できない。大地とともに味わう感激も心地よさも知らぬままに大人になるのだ。子供はまず異質のものとぶつかって自分を、その存在を認識する。それは自然に対すること、環境との付き合いから始まると

▲「森は海の恋人の集い」で岩手県室根山に記念植樹（1992年）

思う。自然との付き合いは人間同士の付き合いの根幹を教えてくれるとも言える。

生命の根源である水と、大地に育つ農作物生産の場を見知ってこそ、子供たちは人間らしく成長するのではなかろうか。アイヌ民族博物館長の萱野茂氏は「川は人類の共有財産」といわれた。「森は海の恋人」というキャッチフレーズを作り、森や川を守る運動を続ける宮城県気仙沼湾の漁民・畠山重篤氏等に共鳴して、岩手県室根山にブナの植林に行ったこともある。

私は都市が泉を、川を、失った時、水の心を失った時、その土地は間違いなく滅びの道を歩むことになるだろう、いや人間は滅びるであろう、といいたい。

⑵ 野川を人間回復の道に！

そこでまず我が足許の事から一つの夢を描いてみたい。水辺のある街づくりである。水が街の核となり、町なかにきれいな水を流すと熱帯夜がなくなるという。その水あってこそ育つ緑は遮熱効果六〇％、緑一本は酸素ボンベ一本の酸素供給源になるともいう。

野川親水ロードを川を軸に整備したらどうだろうか。武蔵野市の玉川上水に沿って造られている遊歩道もジョギングの人、犬を連れた散歩の人など、とりどりに利用している姿がある。だがそこは一歩柵外は五日市街道の車の排気ガスが渦巻く処であり、人工的に整備され、造られた道の観は拭えない。

国分寺に野川の源泉の一つ〝真姿《ますがた》の池〟というのがあり、続いて〝お鷹の道〟〝といささやかな自然道ともいうべきものがある。この野川べりを深大寺を経て、兵庫島まで憩える自然道はできないだろうか。自然のあるべき姿を求めて、植樹一本、川べり一つ、心して整備しよう。人間の道、哲学の道、いや林の中の〝水辺の空間のある道〟を造りたい。そこには大根、菜っ葉などを洗える水場があり、農作物を売る農家もあれば水車もある。手押ポンプの井戸も、つるべ型の井戸もほしい。茶店もいいな。

▲川霧の中で
(三鷹・小金井・調布の市境　撮影・鍔山英次)

子供が笹舟も浮かせたいだろう、若い男女も、老夫婦も、四季の季節を身に感じつつ水辺を歩く。レストランもよかろう、文学碑もほしい、工芸品の工房もあるといいな、生活と結びついた、ハケの特性を生かした道、車に頼らず、二本の脚で訪れてゆっくり歩こう。

そこで大人も子供も親水観が育ち、水の営みを少しでも知り、自然と共存共生の根が育つだろう。人間同士のふれ合いも生まれよう。ひそやかに、時に生き生きとした顔を見せる湧水の声、風の声、樹の声を子供の心に響かせたい。かつては暴れ川の異名を持っていた野川は、治水、利水の歴史を経て、親水、保水への道を探る。野川二一キロ全部は無理だろうが国分寺から深大寺あたり迄の約七キロ位でも実現できないだろうか。

現在の〝真姿の池〟〝お鷹の道〟はまだ点でしかないが、そのほとりで幾組かの母と幼児が、水遊びしつつ緑陰で憩っているのを見た。あの傍《かたわら》の農家で求めたトマトとキウリを名泉で洗って食べた味は、今ものどの奥に残っている。智慧と良識と努力を結集して行政を市民意識を喚起したい。

幹線道路に一〇〇%の国庫補助がでるのなら、大都市の林道にも、ささやかな補助はでないものであろうか。利便性のみを追い、産業開発一点ばりから、資源エネルギー等の省力化が考え始められた今、水辺の道こそ望まれてほしい。環境政策の原点は地域に生きる住民の環境を見つめる目であり、水辺の空間を取戻す運動は、都市の中に人間同士のコミュニティを取戻すことでもある。人はいても人間はいないと言われる都会で、人間らしく住むための、水辺はオアシスとなる、人が集まる風景の中に緑と水があれば憩えるのである。

(3) アオケングループ

都会の中で自然に親しむ生活、大地の恵みを知る生活を実践しているグループの一つを紹介しよう。多摩の日野市のあたりに住む方々、下重喜代さん達である。アオケン（青空冒険学校）と称し、年代を問わず、家族ぐるみ、幼児も小中高生も、子供のおられぬ父さん母さんも、老夫婦も集い、借りうけた山間の小さな水辺のある二〇〇坪程の地を開墾、なつば、じゃがいも等の農作物をつくり、炭を焼き、壺を焼き、土偶を焼き、休日の一日を過す。私も一日、飛入り参加した。それぞれに得手の方はおられたが誰に指導されるという事なく、自主的に協力して一日を過していた。小中高生も自ら考えながら行動している。お父さんもお母さんもゆったりと楽しそうである。

お昼になった時、私は急な参加とは言え何も持たずにいた。するとオムツがはずれたばかりと思われる幼い坊ちゃんが、チョコチョコとやって来て「ハイ！」とおにぎりを下さった。続いて濡れた手拭も、「ハイ！」と。親御さんの言い付けではない。全く幼児の自発的行為である。この会では主食だけは各自が持って来て、当番が肉や野菜を用意して焼肉などをする。このお子さんは主食を持たずボンヤリ立っていた私を察して自分のおにぎりと手拭をサービスして下さったのである。何のてらいも無い姿であった。その後、次々に皆さんから差入れていただいてしまったが――そうして午後の作業になって、じゃがいも植えが始まり、大人達が畝《うね》を切り、小中学生がタネイモを置いて行く。するとこの幼児は、じっと見ていて、芽のあるところをきちんと上になるように直しつつ可愛い手で丁寧に土をかけていくのである。

この会は時に応じて動植物園にも行くらしい。その時の案内状に、用意する物として、「自分で必要と思われる物」とだけ書いてあった。何もかも教えられる事、用意する事、用意されている事に馴らされた子供達の世界が多い中で、私はふと安心を覚えた。お伝えしておきたいグループの姿である。管理され過ぎた子供・市民の中からは自発も自立も成り難い。マニュアルぼけとでも言いたい現代社会の中で成熟しつつある市民グループの一つを見る思いがした。

日本は山岳が多いから川幅は狭く急流が多い。四季変化に富むすばらしい自然に恵まれた風土である。人間が及びもつかない豊かさを見せてくれることがある。歩いて歩いて目の前に開けた高原の紅葉の見事さに友人は思わず声を挙げてしまったという。「アーァ！生きていてよかった！」と。

ヨハンシュトラウス作の『ウィーンの森の物語』という名曲がある。そのウィーンの森が一八七〇年、国の財政難のため、時の大蔵大臣が材木商と売買契約を結んだが一市民の訴えから反対運動が起り、森は守られたという。ヨハンシュトラウス四五歳の時である。

後世まで人の心を和ませて響き続けてきた音楽は、この美しい風物の中から生まれた。都心の高層ビルもそれなりの意義はあるが高層ビル街からはどんな音楽が生まれるのであろうか。

子供の心に、人々の心に、泉を湧かせようと叫び続けたい。流れのほとりに人の足音が残るような道がつながった時、それは二一世紀への道といいたい。川は流れる。自らの姿をつくりつつ。そうして森の自然が変われば、川も変わり、海も変わる。流域は一つの運命協同体であり、点ではない。

湧泉を持つ野川の水流に、私たちはそれらを実感している……。

五、水への祈り

(1) 命ながらえて

「水、水」と、こだわる私の娘時代は頑健そのもの、如何なる労働にも堪えるであろうと思われた健康優良児が結婚後、結核に冒された。昭和二〇年代、夫と私は療養、手術のため、一才の長男は実家に預けての親子三別の三年間を味わった。甲斐あって共に全治、健康への感謝を病んで初めて知った身に、今度は昭和四〇年代初め、三九歳の時、乳癌に冒された。まだ癌啓蒙の盛んになる前の時代であり、気付いた時は胸部にグリグリと三センチの大きさになっていた。癌とはっきり意識せぬままに手術を受け、放射線治療を受けたが一年後再発、再び放射線の治療により治癒への道に恵まれた。

そうして後、腸閉塞などの手術を受けつつも生き続けることができたが、一〇年程経た頃から放射線治療の後遺症ともいえる難治性潰瘍を胸部に起し、崩れ続け痛み続け、穴からは白い骨ものぞかれる身になった。そのまま十年を経た時、一九九〇（平成二）年春、引受けて下さる医師、つまり癒して下さる医師、私にとっては神の如き手への導きを得て手術が可能となり、患部を切除、背中の肉を移植、またまた生への道を与えられた。こうして死を見つめつつ命永らえて古稀を超えて生かされてきた時、何時も水の問題、水と命の関係が脳裏に張りついていた。

私がＪ大学病院に入院、一年の間に三回の開腹手術を受けた一九五一（昭和二六）年頃の事、回診に来られる先生方の何人かが同じようなドイツ語を若い医局員に話すのが耳にとまった。「この人、ヴァッサー、マンゲル、ではないの？」つまり水分不足、水切れ状態ではないのか？　ということであったらしい。唇は渇いてめくれあがり、皮膚はカサカサ、目はどんよりとしていたと思う。当時は点滴といっても飛行針を静脈にさすと、そのまま医師が手を添えて押さえて見張っていたのである。

その飛行針さえ当時は新開発、新機能とも言える製品ときいた。五〇〇ccの点滴に三〇分位一人の医師が患者に張りつかねばならぬ、今では考えられぬことであろうほどに人手を必要としたのである。しかしこの点滴を受けると、グニャンとなっている気力が立直り、目がパチッとあけていられるのである。水分の活力はそれ程に大きい事を実感し続けた。また腸閉塞を起して大量に嘔吐し、急遽手術を受けた翌日、点滴をしてはいたが、死ぬ程といいたいのどの渇きを味わった思い出がある。それはコップ一杯や二杯の水でこと足りるものではない、動けるものならはって行って泥水でも飲んだであろう。一升びんの水を飲み干してもまだ足りぬと思われる程の渇きであった。昔、コレラの事をコロリといって恐れられたが、これはアッという間に脱水症状を呈してコロリと死に至るためという。

⑵ 何よりおいしいのはお水!

また、昭和一〇年代、私が小学生の頃、戦時中のこととて月一回全校生、明治神宮への徒歩参拝というのがあった。四谷三丁目近くにあった小学校から原宿の明治神宮までの往復は小学生にとっては相当な歩き甲斐のあるものだった。片道三キロはあったと思う。水筒など一切持たされぬ歩きである。小学校へ帰り着くや否や生徒は一斉に水道の蛇口に殺到し、かぶりつくように飲み続けた。飲めど飲めど納まらぬような渇きであった。ビフテキよりファグラより、おいしいのは水、いやお水である。水分も食糧も何時でも充分に摂取できる現在は渇することも飢えることも彼方の話となり、せいぜい暑い夏を過す夕べに冷えたビールが飲みたい！　うまい！　などと思う程度ではなかろうか。

しかし、私達が何の懸念も無く飲んでいる蛇口から出る水道水も近頃は、高層中層住宅の貯水槽の衛生状態の面で問題にされる事があるが、水と防疫の面を考える時、水を媒介とする汚染の恐ろしさを極端な例ではあるが、私は小学生の時つぶさに味わった。

一九三四（昭和九）年、福岡県大牟田市は疫学史にも残るという大変な赤痢禍に市中が巻きこまれた。病院は廊下まで脚の踏場も無い患者の群れ、焼場は連日、煙をあげ続け、まさにパニックともいえる日々に市民は怯えた。消毒薬のにおいに満ちた手洗いの洗面器は家庭にも学校にも商店にも常備され、口に入る物はすべて火を通す毎日であったが、その蔓延《まんえん》の源は水、つまり浄水場の管理人の家族の発病からであったのだ。水は人間の生殺与奪の権も握っていた。今はあり得ないことと一笑に付してもおられない水の汚染が、私達自らの手で私達自身をむしばんでいるかも知れぬ。二一世紀のグランドデザインは命を考えることと言われ始めた。二一世紀にむけて、有限の資源――水をどう守るか、環境との付き合いも、あらたに問い直さるべき時が来た。私はこのハケの一隅の大地に足をつけ、女の目で、しっかり水を見据えて行きたい。

特別寄稿

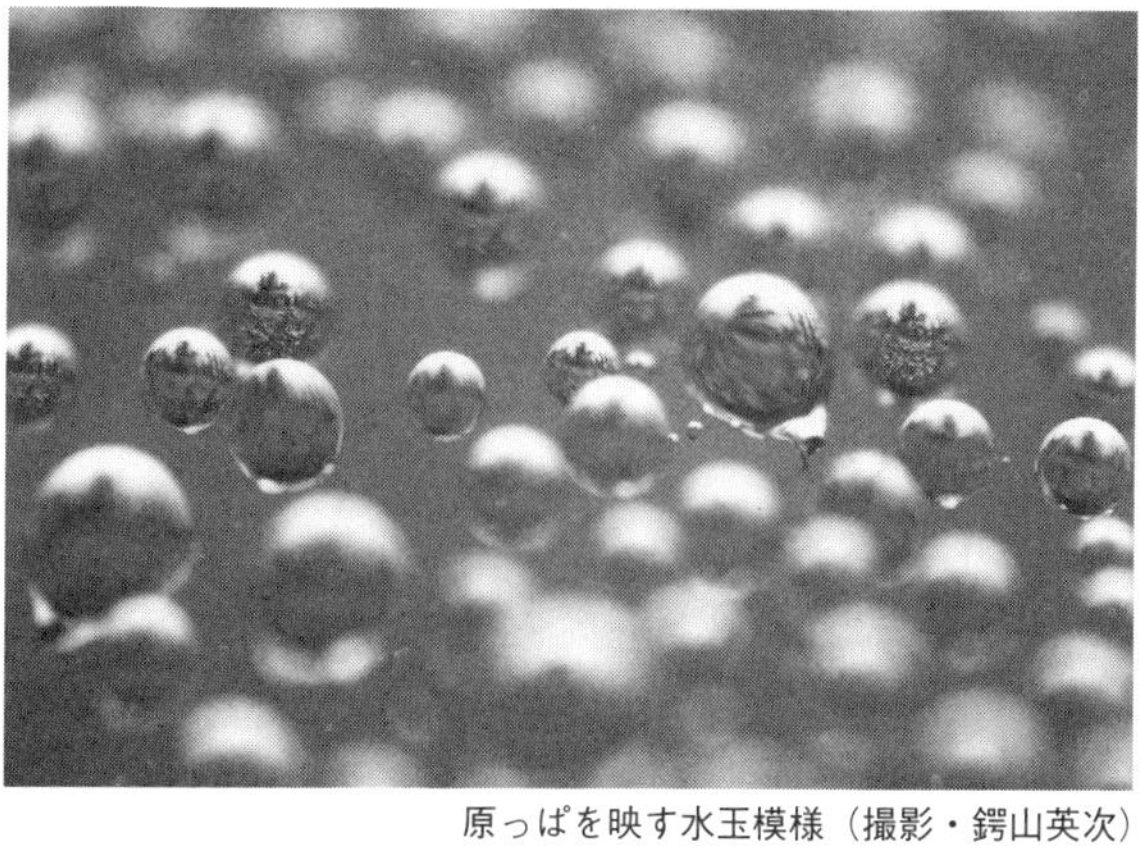

原っぱを映す水玉模様（撮影・鍔山英次）

三〇年の道程

——〝水のある星〟のゆくえ

宇井　純

地球は水の惑星という言葉はよく聞かれるが、「あれはあなたの文章で初めて見ました」と、三多摩問題調査研究会々長の宮本加寿子さんから言われて思い出した。たしかに三〇年前にそう書いたのだが、実はこれは私の創案ではなく、そのまた一〇余年前に読んだ、ノーベル賞科学者のセント・ジェルジイの弟子たちが、先生の日本流ならば還暦祝に編集した本の一章から考えついたことであった。そして今になって見ると、一九八九年に書かれた鶴見和子・川田侃編『内発的発展論』の一章「開放定常系と生命系」に、室田武・槌田敦によって、更に具体的に書かれている水の循環の重要性につながる。三〇年前、私は自分の言葉の中味について十分わかっていたとは言えないことを告白しなければならない。

この三〇年、走りつづけるだけが精一杯で、とても掘り下げて考えるゆとりはなかったし、これからもおそらく生きている間はそうなろう。だから掘り下げた考えの展開は、できる立場にある人々と力を合わせなければなるまい。ずいぶん素材は、二〇年の間に出そろったようにも感ずる。前述の『内発的発展論』もその一つであるし、私自身も、最近『谷中村から水俣・三里塚へ――エコロジーの源流（社会評論社出版）』と題する一冊を編集した。地球環境についても、少なからぬ数の本が出版された。あるテーマが時流に乗る時に、出版される本は玉石混交になるが、玉をさがす努力は読者の責任である。殊に島国日本では、現に局地的に起っている公害と、地球環境の問題を切りはなして、後者だけを研究費目当てに論ずる傾向があるので注意を要する。ヨーロッパやアメリカのような大陸国家群では、局地的な公害から出発して国境を超えた広域の環境汚染を日常的に体験しているので、それが地球全体の環境悪化につながることが実感としてわかりやすい。日本では海洋汚染を除いては、環境の連続性を実感させるような過去の事例に乏しかったので、局地の公害と地球環境とが切れて感じられているのは、むしろ現実に合わないと考えなければなるまい。

そして現実には、北側工業先進国の主要な一国として、炭酸ガスやフロン化合物の排出にも、海洋汚染にも大きな責任があり、特に木材の輸入においては世界貿易量の半ばを占める最大の消費国である。地球環境の重視は終局的に我々自身の生き方を決める問題になる。我々の生活と生産の限界は、これまでに考えられていたような資源の面にあるのではなく、むしろ廃棄物をどれだけ自然が受け入れられるかにあることが、前にあげた、開放定常系と生命系の論文にわかりやすく示されている。その自然の容量をきめているのは、基本的には水と栄養塩類の循環であり、自然の中味がわかって来ると、水の重要性はますます大きくなる。それを掘り下げてゆくと、たとえば巨大都市が成立して、そこへ降る雨を海へ流し、よその流域から水を持って来て使いすてることの破壊性が明らかになってくる。ここではしばらく水について、この二〇年の変化を追ってみよう。

工業用水のむだ使い

まず一九七〇年ころから、東大の都市工学科の人に見えないところで、一つのうさんくさい研究調査がなされていた。通産省の命令を受けて、統計法上は秘密にされているはずの工業用水統計の原票を使って、工業用水の業種毎の原単位、すなわち製品一単位当り必要な用水量を求めてみようという調査である。この仕事を担当させられた大学院のS君は、どう計算してもバラツキが大きくて、平均値の出せない結果をかかえて、すっかり参ってしまった。どう業種を細かく別けても、最大と最小で百倍の開き、時には千倍の開きなどがザラにあるのである。途方に暮れたS君のデータを見て感じたことは、企業は水があればあるだけ使っているという結論だった。ちょうどこのころ、東京都の公害研究所を先頭とする公害防止条例の制定運動は、激化する公害に対する世論に支えられて、公害国会で国の法律で決めたゆるい規制基準よりも、独自にきびしい基準を地方条例で決められるという権限を手にすることができた。

この条例を武器として、一九七〇年から七二年ごろにかけて、各地で工場排水にある程度の規制がかけられ、それまでのような無制限の垂れ流しができなくなり、何等かの処理装置を工場は備えるようになった。いざ排水処理をするとなると、その建設費も運転費もほぼ排水の量に比例する。そこで工場側は用水のむだ使いに気づき、できるだけ水を回収し、再利用する工夫をはじめた。こうして、日本の全産業の工業用水の使用量は、七四年をピークにして減りはじめ、一九九〇年にはピークの三分の二に減ってしまった。

現在、平均して八〇%の水が回収水で、新規用水は二〇%である。この中には蒸発する分もあるから、工場排水の量は七〇年代初頭にくらべて一〇分の一位になっているものと推定される。S君の推定は正しかったのであった。量的に急減した工場排水が、処理を義務づけられたのだから、工場排水による汚染はたしかに減少し、その結果として、一九七二年から七八年あたりにかけて、都市内部を流れる河川の汚れは半分近くまで減ったところが多い。建設省はこれを下水道の普及の効果として宣伝するが、わずか五年間の普及率の上昇はごく小さく、とてもこの改善を説明できるものではない。巨大な下水道建設の費用は年々ふくれ上がり、その運転費用は地方財政を圧迫することが、時と共に明らかになっている。地方自治体が、一種のサラ金地獄へ転落することになる巨大下水道の失敗を、何とかして食い止めなければならぬ。

下水道の失敗

二〇年近くつづいた高度経済成長の中で、日本のすみずみまで行きわたった巨大化信仰は、そこから脱却するのに同じ位の時間をかけなければならないのかも知れぬ。そう感ずる位、大きいことはよいことだという空気は下水道の世界では抜きがたくひろがっている。中西準子さん（横浜国立大学教授）たちの長年の努力によって、巨大流域下水道の矛盾は理論的には明らかにされたが、今なお全国の市町村で、水質改善の決め手は下水道の建設に限ると選挙の度に叫ばれている。本体が土の中にかくれてしまい、手抜き工事をやりやすい土建業にとっても、その土建業から政治資金を吸上げる政治屋にとっても、下水道はうまい仕事の話なのである。その上、水洗便所をつなぐことのできる土地は地価が上がるから、地主にとってもありがたい事業で、話を持って来た政治家に票が集まる。

実際は、地域毎にいろいろな事情があって、下水道の普及によってもなかなか水はきれいにならない。私の住んでいる那覇の街などは、普及率は九〇％近くなっても、水の汚れはむしろ進行している。また、瀬戸内海や琵琶湖・淀川のように、処理場そのものが大きな汚染源になることもある。この下水道の効果についても、『やさしい下水道の話』（本間都・北斗出版）のような、わかりやすい本が出て、我々専門家が考え及ばなかった問題点も、主婦の観察によって指摘されるようになった。

思えばこのような事態になったのには、私自身の責任もあることを痛感する。化学の分野から下水道に入って来た私には、なぜ下水道が工場排水も取入れて処理浄化しなければならないのか、納得が行かなかった。工場排水は生物で処理できるとは限らず、かえって生物に毒で、処理場の機能を殺してしまうことさえしばしば起こる。また自分が働いていた工場の体験から、有毒物質は発生源で処理したり、プロセスそのものを変えることで、たやすく除去できるものであることを知っていたので、なぜすべての工場排水を下水道に入れるよう計画するのか、その疑問を周辺の先輩や同僚に聞いてみたが、ついに納得の行く答えは得られなかった。返って来る返事は、「昔からそうなっている。ヨーロッパもアメリカもそうだ。変なことを聞くな」というものばかりであり、ついにはあんなことを聞くのは頭がおかしいのだろうという評判になり、相手にされなくなった。相手にされなくなってから自分で答をさがしにかかり、欧米では汚水の都市からの排除のために下水道が作られ、排除した汚水が環境に悪影響を与えるようになったので処理が考えられるようになったという歴史的な事実であった。あとから出来た処理場は、すでに先にあった集水管が集めて来る水に注文をつけることはできなかった。そんな簡単なことに気がつくのに十年位かかったのである。

すでに出来上がってしまった技術の歴史をふり返るという作業は、簡単のように見えて、案外なされないものである。大がいの教科書には、通り一遍に歴史が書かれていても、それを掘り下げて考えるということは、滅多に起こらない。新しい物は常に古い物より進歩しているという進歩思想を支えるために利用されるのがほとんど唯一の技術の歴史記述の目的とされた。多くの場合、それは投資効率の増大とか、生産速度の増大とかが技術交代、技術革新の原動力と考えられ、質的な内容まで立入って説明されるのはまれであった。従って下水道の場合には、管路が先で処理場が後に出来たという簡単な時間経過まで、技術の中味と結びつけて考える習慣がなかったのであった。

同じように、沿岸漁業が産業として比重が小さいヨーロッパやアメリカでは、下水をそのまま海へ流すことに抵抗が少なかった。海水浴場や沿岸を利用する特殊な設備のある場所を除いて、下水や工場排水は無処理で放流され、海は無限の受容力をもつと思われていた。ロンドンの下水汚泥はごく最近まで、テムズ河口の北海に投棄されていたのだから、下水道は処理場で水と泥を苦労して分け、水は目の前へ流し、泥は遠くへ持って行って捨てるという、海にとって見ればほとんど意味をもたない仕事をやっていたのである。

このような状況のもとで発見された水俣病は、世界で最初に海洋汚染が人の命にかかわった事件として注目されたのであり、海洋汚染の研究はこの時からはじめられたといってもよい。もちろんアカデミックな研究としてはそれまでも存在したが、政策を左右する研究としては、せいぜい下水による海水浴場の被害や、内湾の無酸素化の程度であった。皮肉でまた残念な話だが、水俣病のニュースは海洋研究者にとって大きな飯の種を作ったことは否定できない事実である。そしてこれは今日でも正しい。

こうして、下水道が実は問題に対して後追いの技術であったことは欧米で共通の事情であり、それに気づかなかったのが我々技術者の責任であった。それに加えて、高度経済成長の中で常識化した規模の利益の考え方が下水道に導入され、更に困ったことには、新潟三区に象徴される土建業と政治屋の結びつきが、下水道を舞台として最大限に利用されるようになってしまった。この過程に気づいてはいたが、その内実を誰にもわかるように説明が用意できなかったことについては、私は大いに責任を感ずるものである。一度作ってしまえば数十年は使うほかない下水道の普及率が上昇するのを聞くたびに、ほぞを噛む思いのする毎日である。自分で技術を作りあげるのではなく、借りたものを手直しして身につけるばかりであった日本の技術の歴史を、批判的に見ることがまれであった不明を自らに責めるしかない。

下水道はまた、工場排水にとって、他へ捨てられない危険な有害物質の捨て場としても使われている。固体産業廃棄物の捨て場が日々に批判がきびしくなり、投棄場の入手が困難になる中で、液体を流してしまえば監視がむずかしい下水道は格好の逃げ道になる。一応は工場排水について下水道放流の基準があり、そのための前処理も法律の上では義務づけられているが、その内容は最低のものでよく、「事業者に著しい負担をかけてはいけない」と施行令に明記されているほどであるから、実効の程はきわめて疑問である。規制されている物質も限られているし、常時監視をしているものでもない。一たん下水道へ流してしまえば、かりに処理場で異変に気づいたとしても、多数の発生源のある大都市の下水道では、管路をさかのぼって発生源をつきとめることは不可能に近いし、現に全くやられていない。こうして、下水道は危険な有害物質のブラックボックスになってしまう。この危険は特に臨海部では著しいものがある。海洋汚染を考えるとき、下水道は今後重大な汚染源になるであろう。

この間、我々も手をこまねいていたわけではない。中小規模の、安定した排水処理の方法を開発する努力はして来たし、おくればせながらようやく間に合ったという感はある。また、小規模合併浄化槽による個人下水道という考え方が、現実化するところまで来た。初めにあげた室田・槌田の論文によれば、水の循環がエントロピーの循環を乗せていて、水の正常な循環を助けることは同時にエントロピーの蓄積をおさえ、我々の生きる場をひろげることになる。水を汚して一回きりで捨てることは、水の浪費につながるだけでなく、水の循環を切ることになってしまう。発生源で水をきれいにして自然にもどしてやることには、これまで考えていたよりも大きな意味を持っているのである。その点で、巨大化した下水道は、自然に反し、自然の水の循環を断ち切るものとして、これ以上作ってはいけないのである。

自主講座の効用と限界

しかし、この二〇年間、正直のところ私の水に関する仕事は片手間のものであり、主たるエネルギーは自主講座公害原論の進行に注がれていた。こういう公開講座の仕事は、外国の大学ではそれほど珍しくないし、歴史的にもドイツの私講師や、ファラデーのロイヤルソサイエティの講座のように、社会的に評価をされるものだが、日本では前例がないことであった。コレキジェ・ド・フランスやワルシャワ大学は、こうして作られた時期があった。これは私の努力というよりも、七～八割方はそこに集った参加者によって作られた実行委員会の力によるものであり、私はそれを対外的に代表する形になっただけである。しかしその効果は、なくなってみてはじめて全貌がわかるといったものであった。東大の一つの教室が、全国の誰にも利用できるネットワークの結節点の一つとなり、そこでは公害の被害者が思い残すことなく自分の声で語り、その運動を支える無数の人々が生れただけでも、自主講座は存在した意義があったであろう。一人の大学助手が、時代の要求をつかむことができれば、自主講座が十五年はつづけることも可能であるという事実は、教授、助教授ならばもっと大きく仕事ができる可能性を証明したことになり、大学の将来についても、一つのありうる形を示したことになる。

　だがそこで得られたものの理論化や、総合化は、私の仕事であり、まだ終っていない。公害輸出や第三世界の外来資本による外発的発展は、新しい公害を世界の各地にひきおこ

しており、そこで日本の体験を生かさなければ、空しく失なわれた生命の恨みは消えることがないだろう。この理論化、客観化がおくれているということは、たしかに私の責任であって、自主講座がそこに集まった青年の莫大なエネルギーを空費したという批判も、半ば当っていることになる。この客観的なまとめの仕事は、三分の二位までは進んでいるのだが、後に述べる沖縄の事情によって大幅におくれている。しかしこれも他人のせいにすることは出来ないのであって、自分に鞭打つことの不足を恥じなければならないのだろう。

自主講座の教訓の一つは、企画のむずかしさであった。毎回の講座を維持し、記録を作って発行するところまでは、実行委員会は一度決めたら市民的律義さをもって実現する。問題は、何をどのように取上げ、しかも経済的にも赤字を蓄積しないように組合せてゆくかという点に、知恵を絞らなければならなかった。今考えてみると、ヴォルフレンの日本権力の謎に言う、政・財・官界のいわゆるシステム化した日本の権力のお膝元で、そのシステムの根本にぶつかる作業をしているのだから、そんな楽なことではない。その自覚が十分であったとは言えない。大した仕事はできなかったから、本格的なシステムからの圧力もなかったのだという批判も、当っているのかもしれない。たしかに、私が助手から昇進しなかったという事実を除いては、外からの圧力も大してなかった。また私自身も、昇進を要求したことは、二一年間の助手生活の中で、一度もなかった。今ふりかえって考えてみると、学生に働きかけるという点では昇進を要求すべきであったと考える方が正しいようであるが、渦中にあってそんなことを考えるひまもなかった。逆に東大の方も、権力の一部として権力に奉仕しているばかりではないと名誉を回復するチャンスを逃してしまったことにもなる。

もっと自主講座が強力なものになり、権力の根本をおびやかしていたら、本格的な圧力でつぶされていたろうという予測は、多分正しいのであろう。ただ、自主講座の効用の全体というものは、私自身にもまだ見えていない。そこに集り、散った何万人という人々は全国のあちこちで、いろんな仕事をしているし、結果の体系化も先に述べたように未完である。ヴォルフレンの言うように、日本権力のシステムを変えることは、中曽根首相でさえあまり成功しなかった位だから、自主講座がそれほど目立つ効果をあげなかったからといって、それだけで口惜しがることでもあるまい。この仕事は終っていないし、誰かが再開するかもしれない。

沖縄での直面する仕事

以前から沖縄については関心を持っていた私に、自主講座を閉めてまで沖縄に移ることを決意させたのは、故玉野井芳郎先生の「何をぐずぐずしているのだ。早く来ないと手おくれになるぞ」との一言だった。たしかに、一九八六年に沖縄に来た翌日から、新石垣空港をめぐる論争に巻きこまれるほど、沖縄の環境問題は切迫していたのである。以後、今日まで、沖縄でもやはり走りつづけるしかない毎日を送っている。

島が小さいほど、水は乏しく、条件はきびしくなり、自然に依存しながら生きてゆくしかない。しかし沖縄では、広域化した水道と下水道に見られるように、公共投資の与えられた枠を消化するために、ひたすら自然をこわして水の浪費的な構造の方向へ走っているのである。政治家も官僚も、大学の関連分野の教授たちも、長い間の住民からの訴えがあるにもかかわらず、そのことを深く考えようとはしない。

支配エリートの無責任ということは、この島の宿痾であるように思われる。一六〇九年にわずか三千の軍隊によって、島津藩に制圧されたのは、情報を大切にしなかった結果である。日清両属という微妙な立場にありながら、島津からは一方的に収奪され、明治維新のあと琉球は日本の一部として処分される。この時にも情勢の変化をつかめずに、国内の世論を二分した紛争にエネルギーを費している。その間も琉球の頭越しに宮古、八重山を中国に渡す三分割案が出されたこともある。そのころ南島を視察した笹森儀助は、先島支配層の無責任ぶりをきびしく批判した記録を残している。首里の玉城は、あやうく取りこわされる直前に、日本の建築家の努力によって保存されたが、第二次大戦で日本軍の司令

米軍北部訓練場（国頭村森林）：
『環境と平和―生命の声』（日本環境会議沖縄大会実行委員会発行）より

部とされ、焼きつくされた。一たび日本へ呑みこまれると、そこでは自己の利益を計りながら必死に同化の努力を住民に押しつける皇民化教育がなされる。内村鑑三や柳宗悦たちの、固有の文化を尊重せよとの忠告に対しては、同化の努力を評価しないとして反発したのも、沖縄の支配エリートたちであった。第二次大戦で戦争にまきこまれ、住民の四分の一が命を落とした悲惨の原因の最大のものは、この皇民化教育の効果であったことがはっきりしている。それにもかかわらず、天皇の了解のもとで米軍に占領され、生きのびるための苦労を味わう中で、権力に迎合する支配層は必らず生じ、抑圧の手先となる。平和憲法のもとにある日本へ復帰しようとする運動も、かなりの部分幻想にもとづくものであった。またそれに反対して、日本に復帰したら昔のイモとハダシの生活にもどると主張した本人が、復帰後同化の先頭に立つ県知事として君臨したことも、皮肉な錯綜を見せるが、官僚も学者も、その手先となることに汲々する。

新石垣空港をはじめとする沖縄の環境問題は、いずれもこの無責任な知的従属構造の結果として生じ、激化の一途をたどって来たものであった。海面埋立の工事から生ずる利権を目あてに、サンゴ礁を埋立ててもサンゴには悪影響がないという虚偽の理論に権威を与えるために、「沖縄の東大」とされる国立の琉球大学の教授が動員され、「沖縄最高の知性」が安全を保障したとされた。私にとってみれば、日本中の公害問題で東大教授が御用学者として動員された歴史の、ミニアチュア化された繰返しを見せられたに過ぎなかった。東大の場合には、権力のためにはあえて白を黒と言いくるめることもやってのけた、東大医学部長の勝沼晴雄のような確信犯が居たが、占領下の植民地官僚の養成のために作られた琉球大学にはそれほどの大物は居らず、彼等の主張が事実と異なることを指摘されると、ただ逃げまわるばかりだった。

しかし、事実と情報を集めるには、足で歩くことが必要であり、沖縄の運動は復帰前後まではその伝統があったが、それを失なってから久しいものがある。理工系の学部が国立の琉球大学にしかなく、そこの教授たちがわずかばかりの研究費で県に丸がかえされていることは、沖縄における技術面の情報が、支配層に独占されていることを意味する。技術や経済は、運動の苦手とするところであった。そこへ私がとびこんだのだから、専門外の問題であっても、逃げるわけにはゆかず取組まなければならなかった。

幸いなことに、支配に慣れた沖縄県の出して来る計画には、信じられないほどの大穴が到るところにあり、それに気がつけば誰の目にもインチキが明らかになるという急所がいくつも見つかった。最初の計画は、山に雨が降っても海には降らず、潮の干満もないという前提で作られたものであり、二回目の計画は、同じような条件で作られた新奄美空港の周辺のサンゴには全く被害がなかったという鹿児島県の報告をそのまま信じこんだものであって、いずれも事実で粉砕された。だがその事実を集めるためには、足で歩くしかなかった。三度目の計画は、土地ころがしに引っかかり、暗礁に乗り上げたところで、湾岸戦争にぶつかって知事が交代した。もちろん新知事のもとで、県政の水準が一気に上昇するものでもない。しかし思いがけない知事の交代は、これまでの支配エリートたちに責任をとらせようとする住民の意志のあらわれと見て、それを重視する必要があろう。

島がとけて流れるのではないかと思われるような、あらゆる工事場所から流出する赤土の問題と、雨がない時には有機物で真黒になり、全国ワースト河川の一、二を争う河川の汚染も、つきつめてゆくと支配エリートの不勉強、無責任にたどりつく。面積で見ると前者の赤土流出の最大の原因は、土を守るはずの農地改良事業に高額の補助金がついているものであり、私が指摘するまで農林水産省の責任者である構造改善局長は赤土流出の事実を知らなかった。またその防止のための予算があることを県側は知らなかった。実はこの土の流出については、被害を受けた三河湾の漁民と矢作川の流域農民の二五年にわたる地道な運動があって、ほぼ完全に解決法に到達しているのであるが、マスメディアも含めて沖縄ではそれは全く知られていなかった。

農地造成：『島・基地・エントロピー—玉野井芳郎記念シンポジウム』(1995年エントロピー学会沖縄大会実行委員会発行)より

黒い水の主な原因は、その四分の三位までは沖縄の重要な地場産業である豚の飼育から出る畜舎排水である。七〇年代初頭に日本の各地で公害防止条例において試みられたように、特定の産業を保護するために、例外的にゆるい水質基準を決め、事実上ほとんど処理をしないで放流できるような措置を、多くの産業が要求し、そのいくつかは暫定基準として認められた。この考え方を沖縄の畜舎排水にも適用したものと思われ、畜舎排水は事実上無処理で放流されている。だが産業保護政策としては、この暫定基準は失敗した。その最も典型的な例が皮革排水である。皮革産業は被差別部落民が関係している例が多いとして、部落解放同盟などの主張により、ＢＯＤで四桁のゆるい基準が定められ、更に処理設備の建設だけでなく運転に要する費用まで高率の公費助成が実現したが、結果はかえって逆目に出て、部落差別は陰にこもって増大した。汚染の原因として皮革産業は突出してしまい、公費助成が明らかになると、なぜ皮革産業だけ特別扱いにするのかと批判を浴びたからである。しかも処理費を節約したことは、大して経営には役立たず、むしろ他産業にくらべて水利用の合理化がおくれたことがマイナスになった。多くの産業分野で、公害規制の強化は水をはじめとする有価物の回収をもたらし、産業側の合理化は進み、また無制限の新規参入がなくなったために、産業の体質は向上する例が多く見られた。短期的には出費があっても、長期的には利益が生じたのである。この経験から見ても、公害問題において常に短期間の利益に執着する財界と通産省の立場は誤っているし、日本の資本には長期の視点が欠けていると感ずる。

目先のことしか考えない業界の要求に乗って、近視眼的な規制緩和を用意した行政も、その副作用は気づかずに権威づけに手をかした審議会の学者も、等しく今日の黒い川には責任がある。しかし彼等のいずれも、自分の無知、無責任に気づかない。その行為を無意識につづけることで、更に大きな破壊をもたらしている。復帰後その九〇パーセントが死滅したといわれるサンゴ礁の破壊がその結果である。

赤土の流出によって、サンゴ礁を作り上げているサンゴ虫は窒息し、生命力の衰えたところへ、オニヒトデが異常大発生してサンゴを食いつくす。これが今沖縄で起こっているサンゴ礁の死滅の過程なのであるが、実はオニヒトデの大発生の原因が、この畜舎排水を主とする汚水中の栄養塩にあることがわかって来た。つまり、成体のオニヒトデは数百万個の卵を産むが、通常はそのうちの一～二匹が成体に成長すれば、種の維持の目的は果たせることになる。皮肉なことに、オニヒトデの卵や幼生は、サンゴ虫のよい餌にならるしい。ところがオニヒトデの卵の孵化期が、過剰な栄養塩によって生じた植物性プランクトンの大発生と重なると、孵化したヒトデ幼生の餌が豊富にあるために、幼生の生存率が異常に高まり、三年後に多数の成体となってサンゴ虫を食いつくすことになる。すなわち、沖縄全土で起こっている汚染の無処理放流は、結果としてオニヒトデの養殖をやっているようなものである。

この因果関係の連鎖は、一九八〇年代の初頭に、グアム大海洋研究所のバークランド教授の注意深い過去の異常発生例の分析によって発見された。もちろんこれを仮説として、各段階を実験によって実証することは、アカデミズムの仕事としては興味のあることであろうが、私にとっては、どうでもいい些末な研究である。それで飯を食いたい人々を止めはしないが、私にとって必要なことは、サンゴを主とする自然を回復するためには、陸上から流される汚水を止めるのが根本の対策であることがわかればよい。公害の因果関係を調べる仕事をつづけて来て痛感したことは、ある行動をとるために、どの段階の事実を必要とするかという決断が、エンジニアの仕事であり、また政治家の仕事でもあった。すべての過程が完全に解明されなければ行動はとれないと、科学を口実にして責任を回避することが、被害をひろげる結果をもたらした。ここでも支配エリートの無責任が事態を悪化させたのであった。

赤土の流出と黒い川に象徴されるような、自然に対する無知と傲慢は、沖縄の伝統ではない。すでに一八世紀の初頭、島津の支配下にあっても、森林の保護と耕土の流失防止を政策の基本においた蔡温の政治があり、明治初期の混乱期にも、農民出身の技術者としての謝花昇の努力があった。支配エリートの一部としての知識人の営みの中にも、少数ではあっても見るべきものがあったのである。問題は、なぜそれが沖縄の伝統の主流として定着しなかったかの分析であろう。それは私自身の、この一〇年間の、荒野に叫ぶような空しさを感じさせる努力の結果についても言えることである。なぜ聞かれないのかは、歌い方の修業の足らなさの結果ではないのか。また外形的な評判というものも、世間に聞かれるためにはずいぶん役に立つものだが、それを故意に避けて来たことも、自己満足の一つの表れであったかもしれない。自分でも表現が重要だと言っていながら、表現者として立つことは、なるほどむずかしいものである。

なすべきことは、まだまだ山ほどある。沖縄本島における水の使い方は、天水とその延長である地下水の伝統的な利用をやめて、北部の山林を伐採して作られるダムの水を長距離の管路で南部へ送り、そこで一回限り使って広域下水道で捨てるという、極めて浪費的なパターンである。そこへ更に沖縄の美しい風土を本土資本が囲いこんで、大量の水を消費して成立する観光リゾートの波が押し寄せ、土地の値上がりで沖縄中が舞い上がってしまっている。このまま放置しておけば、もっと水をという大合唱のもとで、公共投資の大口の使い道として、北部のささやかな河川がつぎつぎにダムでこわされてゆくことは目に見えている。既設のダムは何基あるのだろうか？　現在までに作られた七つのダムに加えて、今後一三のダムが計画されている。いかにして赤土を乗せて海に捨てられてゆく雨水をひきとめて、狭い島の中で乏しい水を分けあってゆくか、ここでも水の循環の問題を全体として最適に近い形をさがしてゆくか、再び表現の問題も含めて、難しい課題に私は直面している。これはもちろん私だけの問題ではなく、土地利用計画の問題としても、開発理論の問題としても、沖縄の知識人のほとんどすべてに共通な課題であるはずである。

エネルギーと廃棄物の流れ

サトウキビを主とするモノカルチェア型の農業と、石油、食品など若干の製造業しか存在しない沖縄経済は、圧倒的に観光や基地収入、そして公共投資に依存する第三次産業に型をとっている。公共投資もまた名目的には生産基盤の整備を目的としながら、実際には農地整備や下水道の例に見られるように、一過性の土木工事であり、表土の流失や水循環の切断のように、不可逆的な自然の破壊をもたらすものである。基地収入や観光産業がそれ自体きわめて浪費的なものであることは今更説明の必要もないだろう。

戦前あった軽便鉄道は戦争で破壊され（廃止したという報告をする余裕もなかったので、運輸省の帳簿には今も残っている由であるが）、完全な車社会が成立した。生活用品の大部分はこうして外部から移入され、おそかれ早かれ消費して廃棄される。この結果、廃車から空カンに至るまで莫大な廃棄物の処分の問題が生ずる。また都市部ではすでに自動車排気ガスが主因と思われる酸性雨が観測されている。こんな小さな島で、たえず風があることを考えれば、ずいぶん異常なことである。

廃棄の限界は、那覇市をはじめとする都市や、小さい島に典型的に現われている。外から来た者の目には、どこへ行っても散乱ごみが多いように見える。那覇のゴミ排出量は、全国平均の六割増位であるし、消費的な街の常として、分別もよくない。焼却炉の選定の段階で業者側にミスがあるのに気づかなかったために、一部生ゴミの埋立を余儀なくされている。一方では名護市のように、徹底した分別の成功例として全国に知られているところもあるが、その経験は全県的には生かされていない。那覇市の清掃課関係の費用は、経常予算の一%に満たない。もっとも、沖縄全体に言えることであるが、土木費が異常にふくれ上がっていて、それだけ行政の関心もそこへ集中してしまい、それ以外のところに気がつかないということでもある。だが清掃費の中味を詳細に調べてみても、必要のないところに無駄な金がたくさん使われていたり、肝心なところが抜けていたりする。

考え方を変えてみると、多くの問題をかかえて全国最低に近い状態にあるということは、何をやってもよい方に向かうだろうとも言える。島国であることも、不利な条件であると共に有利な条件をもっている。住民の同意が成立すれば、不利な条件を逆に有利な条件に転化することもできる。たとえば廃棄容器類の製造者責任を重視して、強制保証金（デポジット）制を導入することなど、小さい島で先駆的試行をして、うまくゆけば県全体で適用する道もある。狭い島の中の有限の空間であるから、乏しい資源を分けあって生きてゆくには、新しいルールが必要になる。

宮古の水道条例の経験

実は米軍の占領下において、そういう思い切った試みがなされていた。日本をはじめ多くの国で普通は地下水は土地の一部と考えられていて、土地の持主が無制限に利用できることに法的にはなっているが、常識的に考えても、一ヵ所で汲み上げれば、周辺に影響がある。飲料水を全面的に地下水に頼らなければならない宮古では、地下水を水道管理者のもとで全島公有化してしまった。井戸を掘って地下水を利用するためには、すべて水道組合の許可を得ねばならず、渇水の時には汲み上げを制限される。これは理論的には最も進んだ形で、自然財の公有化は、その合理的な配分利用のためにどうしても必要な措置なのだが、これが実現している例は極めてまれである。もちろん、金や権力を背景にして、これでは困る、もっと勝手に使わせろという動きも出て来る。

復帰後になって、巨額の予算を持って畑地かんがいと、そのための地下ダムの工事を計画した農林水産省の行動はその例だった。河川における既存水利権との調整の場合には、既存水利権はそのまま尊重されるのが普通だが、農林水産省はそれでは自分たちの権利が制限される可能性があると考えたのであろう。結局、地下水の管理権は水道組合の直接管理から、新たに作られた広域事務組合の間接管理に変えられ、その上農業用水については国の管理下におかれることになった。これが重大な変化であることに気づいた人は少なかったようである。現在、宮古の地下水は徐々に汚染が進行しており、また将来絶対量の不足は地下ダムの建設にもかかわらず、必らず直面する時があるだろうが、おそらく確実に、日本の複雑な官僚機構プラス沖縄的無責任体制のもとで、問題の解決はきわめて困難なものになるだろう。

思えば水俣病に出逢ってから三〇年、出口を求めて彷徨した中で、ようやくつかんだ手がかりは、地域の自治というキーワードであり、それは私の独創ではなく、すでに田中正造が喝破していた言葉だった。宮古島の場合は、有名な米軍の高等弁務官、キャラウェイの指令があったとはいえ、島全体の地下水分布を徹底的に調査したデータが先にあって、それを元にして各自治体が地下水の共同管理を議決したのであった。これは沖縄だけでなく、今後の日本全体についても参考になることだろう。

地域の実態を、これまで気づかなかった側面から徹底して調べる必要がある。特に、生物の環境は、これまであまり重視されなかっただけに、調べなければならぬことがたくさんあるように思われる。とりわけ、日本資本の海外進出に伴なって、日本だけでなく、進出先の環境を調べなければならないが、これは更に新しい調査手法を用意しなければなるまい。また、沖縄の過去の経験から見ると、外圧のもとで伝統を否定しようとした動きが、常に災難をもたらした。伝統を固定してとらえるのではなく、一つの動的な、たえず変化する存在としてこれを尊重し、かつその内容を知り、生かし、伸ばしてゆくことが社会科学の課題になるだろう。

最終の課題——海洋汚染

一九八九年、米国の社会科学者で民間団体の活動家でもあるマイケル・ラーナーと議論したことの結論は、一つは前述した日本の体験の共有化の必要であった。しかしそれにもかかわらず、当面はかなり地球環境は悪化するのではないかというのが、一致した二人の意見であった。その中で、炭酸ガスやフロン化合物の問題は、おそらく何等かの国際的な合意に達して、国際的な協力が可能になるであろうが、日本が地理的条件を主張して、最後まで抵抗するのは海洋汚染の問題ではなかろうかというのも、一致した結論であった。これには実はあまり日本では知られていない前例がある。海洋の国際管理を議論した国連の海洋法会議で、一たん殆んどの国の同意を得てまとまりかけた領海一二カイリの案を、遠洋漁業の利益を守る立場から三カイリを強引に主張して、ぶちこわしてしまったのが日本であった。その後長い曲折を経て、ようやく経済水域二百カイリで合意が成立したのであるが、このために海に面しない国や、地理的に不利な国にとっては、国際管理による利益は大いに損なわれたのであった。

北太平洋という大きな海洋に面しているために、日本は現在液体の廃棄物をほとんど全部海に流している。その中には、人間や動物の排泄する屎尿や、下水道の汚泥など、本来当然陸上で処理すべきものも含まれている。海洋処分という名前で行われる投棄は、一応の届出た数字はあるが、業者の本音を聞いてみると、公表された数字の二倍をこえるとみてよい。これに臨海部の工場が排出する汚水と、河川に放流されるものが結局は海に出る分を加えると、固型分として数百万トンの汚染物質が毎年海へ流されていると見てよい。これには沖縄で問題になっているような、土砂は計算に入れていない。そして一般に海域への放流の規制は、大量の海水の混合、希釈効果を考えに入れて、ゆるい基準が定められている。

その結果として、当然のことだが、東京、大阪、名古屋の内湾はもちろんのこと、瀬戸内海全域も、深刻な海洋汚染が進行している。しかもそれには、年々新しい物質が加わっている。ところで、新興工業国（ＮＩＣＳ）と呼ばれる韓国や台湾、そして工業化を必死に急いでいる中国などアジアの国々は、公害については皆日本を成功例として手本にし、日本のやり方を追っている。日本海や東シナ海が、瀬戸内海の後を追わないと、誰が言いきれるだろうか。既に四〇年前の瀬戸内海の記憶をもつ者は日本人の中ではごく少数になった。しかしその一人として、私はこの過程を決して繰返してはならないと感ずる。

おそらく、使える時間はそう多くはあるまい。この分野で最も頼りにされた田尻宗昭さんはもうこの世にない。しかし一人一人の力は遠く及ばぬにしても、力を合せれば田尻さんの仕事をついで、この日本という、世界を食いつくしかねないシステムとたたかうこともできるのではなかろうか。戦いという語感は好むものではないが、ここ沖縄の状況と、沖縄から見える日本の様子とは、もはや好ききらいを言っておれない程切迫している。あらためて水の惑星である地球を思い、三〇年をふり返ってその道程の短いことを恥じながらも、気を取り直して目前の課題に取り組んで進むしかない。当分、沖縄からアジアへ、これが私の仕事である。

※本稿は、一九九一年に執筆したものです。編集の都合上、表題等を一部修正して収録しました。

三多摩問題調査研究会の歩み

【1972年】

6月11日　小金井司法研究会創立2周年記念映画・パネル討論会「住みよい地域社会をめざして」を開催。映画は「私たちの新聞・ミニコミ」等、討論のテーマは「住みよい地域社会をどうつくるか――市民の知る権利と地域情報」、参加者の有志で多摩川水系・野川が話題になる（後の野川問題研究班の発足へ）。

＊6月8日付で小金井警察へ集会許可申請書を提出、翌9日に東京都公安委員会指令（小金井）第九号で「申請の件これを許可する」を受け取る。

9月17日　「野川と地域開発に関する意識調査」を実施。調査委員12名（創立時の会員）。調査対象者150人（小金井市内で等間隔無作為抽出）。この結果をまとめ、6人で論文「野川と地域開発」を共同執筆、日本地域開発センター発行・月刊『地域開発』100号記念懸賞論文に代表・丸井英弘で応募、入選（1973年2月号に掲載）。

【1973年】

3月1日　この入選論文を収録して、賞金5万円と協賛広告で得た資金で、『水辺の空間を市民の手に―水系の思想と人間環境』64頁・定価250円を1万冊自費出版。普及運動を各地で展開。

3月11日　第1回市民公開地域講座「水辺の空間を市民の手に―野川の清流を取り戻そう」小金井市公会堂。特別講演・篠原一東京大学教授「市民運動の可能性―草の根参加への途」。ビラ1万枚を戸別配布したが、190人しか参加してもらえなかった。

4月21日　第2回市民公開地域講座「水辺の空間を市民の手に―野川の清流を取り戻そう」国分寺市本多公民館。特別講演・色川大吉東京経済大学教授「多摩の歴史と風土―自然環境をどう守るか」。

5月12日　第1回総会開催、青梅青年の家で合宿。市民運動の進め方を論議、湧水調査の検討。翌日、御岳渓谷を散策。

6月3日　第3回市民公開地域講座「水辺の空間を市民の手に―野川の清流を取り戻そう」調布公

▲流域を歩く会(国分寺・真姿の池湧水群)

民館。特別講演・宇井純東京大学助手「公害日本列島の再生―市民に何ができるか」

8月13日　研究会情報（後の『野川を清流に』）を創刊。Ｂ５判１頁、２００部、タイプ印刷、会員31名。

8月18日　夏季合宿、狭山青年の家。湧水調査の報告、映画「かけがえのない地球」、「水循環の科学」を鑑賞。翌日、狭山湖畔の自然観察。

11月4日　婦人民主クラブ小金井支部と共催で「映画と討論の集い」を開催、「中性洗剤を追及する」を上映、パネル討論「水と緑をめぐって」。

11月23日　野川流域を歩く会（京王線喜多見駅―深大寺）を〝都市河川のあり方を探る〟をテーマに開催。これ以降、毎年2回実施。

12月23日　第2回総会を小金井婦人会館で開催、会則の草案審議（翌年12月8日施行）、自治体問題研究班の創設、会員数34名。

【1974年】

5月3日　野川・湧水周辺の植生調査開始、５日、６日で国分寺、深大寺国際基督教大学構内等を実施（毎年、経年変化を調査）。

6月23日　多摩川水系をめぐる市民集会「水環境の危機―いま、われわれは何をすべきか」を関連三団体と共催で立川社会教育会館で開催、記念講演・高橋晄正東京大学講師「われわれに未来はあるか―健康破壊への告発」。

9月1日　公開討論会「野川の改修はこれで良いのか」講師・渡部一二多摩美術大学講師、小金井市社会教育の委託学級（中西準子さん、富山和子さんらをお招きし、全9回で実施）。

11月3日　三鷹市大沢の箕輪一二三さん宅（茅葺

きのわさび田を持つ旧家）で合宿、稲刈りを手伝い、地区農民の方々と懇談。

【1975年】

2月1日　研究会情報の新年特集号よりガリ版刷りB5判4頁で発行。1月1日より、事務所を小金井市の矢間秀次郎宅から青梅の與川幸男宅に移す。

4月8日　小金井仙川分水路工事で市道21号線沿いの民家の庭に地盤凝固剤が噴出（翌日、都へ工事中止を要請、都停止に同意）。

4月20日　野草を食べる会を野川公園の近くで植生調査の一環で実施。

4月27日　研究会情報21号のトップ原稿に「仙川の治水と段丘の保護」を載せ、都の仙川改良工事に伴う小金井分水路工事の問題点を指摘。今年2月以降、地元の住民運動団体とともに、地下水脈の破壊などをさせないために都建設局と交渉中の記事。

5月4日　子どもまつり開催（①野川で釣りをしよう、②野川公園を自分たちでつくろう）のスローガン、350名の子どもが参加。後に「わんぱく夏まつり」に名称変更、毎年、実行委員会形式で実施。

5月17日　憲法を暮らしにいかす市民集会を小金井司法研究会と共催で開催。丸井英弘弁護士、関島保雄弁護士が報告。記念講演・奥平康弘東大教授「知る権利と住民・市民運動」

7月10日　都の「緑の監視委員」にメンバーを推薦・決定による初会合。

7月23日　天然酵母でパンを作る会を開催。

7月27日　井戸の地下水位調査（仙川改良工事に伴う小金井分水路工事予定路の半径500メートル所在の井戸が対象）

8月28日　野川24時間水質測定（わんぱく夏まつりの関連行事として、COD、アンモニア性窒素、亜硝酸性窒素、伝導度、PH等を測定、最も汚れているのが深夜1～2時頃、最もきれいなのは朝、7時頃という結果）

9月23日　都の仙川改良工事に伴う小金井分水路工事説明会に組織として参加。2回目であったが「まったく誠意がない態度」に、住民側が硬化。

11月3日　市民・労働者文化祭開催、テーマ「水と緑の安全なまちづくり」、①草花いっぱいの町づくり、②二枚橋ゴミ焼却場の公害被害者から、③水辺の空間を市民の手に等の報告、討論。
11月9日　「滄浪泉園の保全に関する陳情書」を小金井市議会に578名署名を添えて提出。Kさん所有地3200坪（ハケの崖線を含む）にマンション建設計画があるのを阻止、買い上げて自然公園にして欲しい旨の陳情。これを契機に緑地保全PTが発足。
【1976年】
3月15日　研究会情報第28号から題名『野川を清流に』に変更、B5判6頁、写植印刷、トップに「住民自治を守ろう―仙川分水路工事の中止を求めて」、古谷春吉主宰の自然教育農場を特集。
4月15日　『野川流域の自然―市民が足で集めた調査資料集』発行、64頁、定価300円。（初刷2000部、二刷2000部）
4月20日　『野川を清流に』に番外特別号「住民運動リポート―仙川分水路特集」を関係4団体の共同編集で3000部発行。
4月29日　三多摩の下水道を考える市民集会「水と緑の安全な町づくりのために」を国分寺勤労福祉会館で3団体の共催で開催。「仙川・野川と流域下水道」を神谷博が報告。
5月15日　小金井仙川分水路工事に伴う公害の被害状況を踏まえ、都公害監視委員会に「公害防止と原型回復に適切な措置をとるよう」に要望。
5月26日　滄浪泉園の保全を連帯しておし進める会（代表・本田正次東大名誉教授）を結成、貫井南町自治会等と呼びかけ、請願署名運動を展開。
6月4日　二枚橋ゴミ焼却場の公害防止等について、ハケの会等関係団体と連名で、二枚橋衛生組合へ公害防止の請願（1978年3月6日、一部採択のつれない回答）
6月23日　1万6000名の署名を添えて、滄浪泉園の保全を超党派の紹介議員のもとに東京都議会へ請願。
8月10日　小金井仙川分水路工事に伴う公害への抗議と住民の代替案をめぐって、東京都建設局と徹夜の交渉、住民70名、建設局長他9人が参加（時間切れで、9月11日に続行）。
9月29日　都議会本会議で美濃部亮吉東京都知事

「自然環境を保全すると言う立場で処置をしたい」と、滄浪泉園の保全を言明（都の買収で古民家、長屋門が取り壊され、更地になる。翌年の12月2日、都都市計画審議会で都市緑地保全地区に指定）。

【1977年】

2月6日　小金井仙川分水路工事差止仮処分申請を控え、決起集会を予定していたが凝固剤汚染の井戸水を使用しておられた田代仁さんが2月1日逝去のため、追悼集会に変更して開催。

2月23日　東京地裁八王子支部へ小金井仙川分水路工事差止仮処分申請。（7月21日却下、申請人47名で8月3日東京高裁へ抗告）。

【1978年】

2月18日　自治体問題研究班有志で、「多摩の将来像共同研究」スタート。

4月10日　『野川を清流に』第34号より題字を本田正次東京大学名誉教授による毛筆の横書きに変更、1000部発行。印刷・八王子印刷株式会社（中村甲太郎社長）

5月3日　東京農工大学の本谷勲先生等が主催した「タンポポの調査で環境診断」にメンバー有志で参加。

7月15日　あすの多摩を考えるシンポジユムを国分寺勤労福祉会館で開催、テーマ「多摩百年と自治」。

11月23日　あすの多摩を考える市民の集い開催、講師・坂本竜彦朝日新聞社会部次長「多摩百年」、国分寺本多公民館。

【1979年】

11月25日　あすの多摩を考える市民の集いを「多摩の水」をテーマに開催、小平玉川上水を守る会、日野の自然を守る会等と共催。

【1980年】

1月27日　行政の秘密を監視し情報公開を求める市民運動準備会に参加、『野川を清流に』第40号のトップ記事「情報公開を求めて始動―市民の手で〝知る権利〟確立を」で紹介（同年3月29日結成大会）。

10月20日　生越忠・責任編集『開発と公害』臨時増刊号（地盤凝固剤特集）オリジン出版センター刊に、金子博等が実施した「水ガラス系地盤凝固剤LW―Iからの溶出実験データ」を収録。

11月8日　あすの多摩を考える市民の集いを「多摩の農業」をテーマに開催、古谷春吉が「土にかえろう」の報告、他に薄井清氏、寺門和也氏らが報告。

【1981年】

3月5日　会長・本谷勲東京農工大学助教授から、「今日、野川公園の池でカワセミを一羽、見かけました。空中で停止し、急降下で見事小魚をとっていました」との報告。

3月8日　第9回総会を小金井市の友愛会館で開催、在籍会員36名、出席者（委任状提出者を含む）25名、会計報告で収入・46万2845円、支出・22万3585円、差引繰越金23万9260円。議題①機関誌年4回発行、②湧水調査続行（春秋2回）、③野川へ湧水を放流する水路づくりの請願、陳情、④情報公開法制定運動への参加、⑤多摩の将来像共同研究の継続、⑥都緑の監視委員の推薦。

6月21日　多摩川シンポジユム「よみがえれ多摩川」を多摩川水系自然保護団体協議会主催で開催、狛江市福祉会館。原剛、加藤辿、三島昭男氏のマスコミ関係者を招いて、「公害とマスコミの責任」が争点になった。

12月5日　あすの多摩を考える市民の集いを「情報公開」をテーマに武蔵野公会堂で開催、現代都市政策研究会と共催。

【1982年】

12月7日　『野川を清流に』第50号から一面トップに源流から合流点まで貫流する六つの自治体を特集、「国分寺における〝野川対策〟」池田きよ子国分寺市議会議員が執筆。論点①洪水対策、②改修・拡幅問題、③公害・水質汚染。4頁、1000部発行。

【1983年】

8月3日　水辺環境シンポジユム「都市と水辺と市民の役割」をテーマに世田谷区民会館で開催、神谷博が野川のわんぱく夏まつり等を報告。東京農大の進士五十八助教授から「水辺の空間を市民の手に」運動の先進性を評価する発言。

【1984年】

7月1日　本田正次東京大学名誉教授ご逝去、享年87歳。

【1985年】

5月1日　『野川を清流に』第55号から増頁して6頁に、初めて広告4段分を掲載、「多摩の地下水は守られるか」を特集、2000部発行。

野川復活の記録を本に
市民グループ15年間の活動
実った自然保全運動
都市河川のあり方を示唆
湧水を集めて流れる野川＝三鷹市野川公園で
雨水の地下浸透の様子を実験する三多摩研の人たち＝小金井市で

▲東京新聞記事（1987.8.26）

6月15日　講演会・室田武一橋大学助教授「水の経済と川の文化―東京の水原型」を小金井公会堂で公益信託遠藤記念三多摩自然環境保全基金の助成をうけて開催。
7月26日　初のエコツアー「霞ヶ浦と科学万博」を主催、12名が1泊2日で参加、土浦の自然を守る会と交流。
11月1日　『野川を清流に』第56号、10頁、3300部発行、一面トップに「野川流域を歩く」シリーズ開始、①文・串田孫一氏、挿絵・木村秀夫画伯。流域自治体首長の随想「わが街と野川」がスタート①保立旻小金井市長。地域情報をネットワークする通信員を8名配置。

【1986年】
6月7日　『野川を清流に』第57号、12頁、5300部発行、印刷・（株）八王子印刷。48段のうち17段（35・4％）が広告。
6月29日　野川ほたる村設立総会、村長・小西正康氏、メンバーの若林高子らが参加。
11月10日　隅田川市民交流実行委員会設立総会、会長・島正之氏、メンバーの矢間秀次郎が「隅田川宣言」起草に参画。
11月16日　『野川を清流に』第58号、12頁、二色刷り、試験的に上流版7000部、下流版5000部の合計1万2000部発行。
11月29日　シンポジュム「都市河川を考える―水辺の空間を市民の手に」を世田谷玉川区民会館で開催、基調講演・宮村忠関東学院大学教授・川からのまちづくり、鈴木明氏、人見達雄氏ら。

【1987年】

6月14日　河川シンポジュム「流出係数を低減する方策―雨水浸透の可能性」を小金井公民館で開催、講師・藤田裕由記氏（座間市職員）。浸透の公開実験を若竹キミイさんの庭（前原町）で水道水を用いて実施。
7月11日　多摩川水系の集い「上下流で手をつなごう命の水を守るために」を府中市民会館で開催、①村松昭・絵図に見る多摩川源流、②畔倉実氏（朝日新聞）・多摩川水源林の四季。
8月2日　多摩川源流エコツアーを1泊2日で実施、山梨県一之瀬の民宿・山の家で塩山市関係者と交流会、翌日、笠取山・水干へ登山。
8月30日　本谷勲編著『都市に泉を―水辺環境の復活』NHKブックス定価750円を刊行。編集キャップ・金子博。
9月29日　野川第二調節池底地利用について、「くじら山原っぱを考える連絡会」を結成、金子博事務局長担当、小金井市へ要望書提出。
10月24日　『野川を清流に』第60号、12頁、二色刷り、7000部発行、トップ記事に大岡信氏の「野川流域を歩く①深大寺周辺を移り住む日々―自然が変われば子供も変わる」
10月31日　高畑勲監督映画「柳川堀割物語」小金井市公会堂大ホールで上映、上映する会の実行委員会に参加。
11月29日　シンポジュム「都市の水環境を考える―安全で快適な暮らしを求めて」を調布市中央公民館で開催、谷玄昭氏(深大寺住職)他、終了後、「創立15周年記念の夕べ」を開催、機関誌の印刷所、八王子印刷（株）社長・中村甲太郎様へ感謝状。

【1988年】

4月16日　ミニ講座―あすを拓く第1回「ポピーの予言と日本人」丸井英弘、「レンズで見た野川の

多摩川の水源林守ろう

共存へスクラム

都民と上流住民ら交流

山梨県内

都の水がめ・小河内ダム（西多摩郡奥多摩町）に水を供給する多摩川源流の自治体を水を利用している下流の住民が訪れ、「上下流の共存共栄」のため、水資源の保護などについて考える「多摩川上・下流交流会」が、二、三日、山梨県丹波山村などで開かれた。水源林の保護が、過疎化のため厳しい状況にさらされている実情などが報告され、意見交換したあと、都内からの参加者は多摩川最源流のある笠取山を訪ねた。

交流会は、三多摩問題調査研究会が主催。下流からは、主婦や都の職員ら二十三人が参加。上流側からは村内の山林のほとんどを都の水源林が占めている同県丹波山、小菅両村の村長、観光協会長らが出席した。

同ダム関係の水源かん養林約二万二千㌶のうち約一万四千㌶は山梨県側にある（残り約八千㌶は奥多摩町）。両村長はこれに関連して、多摩川源流の水質を保全するため、村内の約三分の二の家に下水道が普及しており、「都民の水源という意識は高い」と述べる一方、「森林の中にテレビや冷蔵庫を捨てに来る都会の人がいる」と現状を報告した。

また、上流側からは、「既に林業は衰退し、若者に振り向かれなくなっている。山を守っているのは高齢者ばかりだが、あと十年もたつと山を管理する人がいなくなってしまう」「都が本気で無農薬ゴルフ場を造るつもりなら、（山の保護とセットで）水源林の中に造ったらどうか」などの提案も飛び出した。

下流からの参加者は「上流の見えない努力がわかった」などと感想を話し、上下流とも、今後の共存共栄のために、都会の子供たちに清流を守る意識を高める方法を具体化させていくことにした。

一行は三日、都水道局職員の案内で、笠取山を訪ね、最源流を含めた半日コースで水源林を回った。

「河口まで一三八㌔」"多摩川の最源流を訪ねた交流会の参加者たち＝笠取山中で

▲朝日新聞記事（1990.6.14）

魅力」鍔山英次、公会堂会議室。メンバーが講師になり、1991年3月までに13回実施。

5月3日　二枚橋ごみ焼却場の視察、煙害被害者住民・前原光年さんの説明、さらに焼却場関係者から公害対策の現状を聴く。

6月10日　四万十川エコツアーを第4回水郷水都全国会議への参加を兼ねて、2泊3日で実施。

7月8日　講演会「荒川・隅田川源流をゆく」①甲武信岳の四季・千島兼一氏、②川を歩く―絵地図の製作を終えて・村松昭、東京3Cクラブ等と共催。

8月12日　荒川源流エコツアーを開催、埼玉県大滝村の民宿「神庭」で交流会、翌日、中津川の滝沢ダム建設予定地を視察。

11月19日　フォーラム「水の時代をひらく」を狛江市民センターで開催、基調講演・水循環の再生をめぐって・大津彬裕氏（読売新聞記者）、前島郁雄氏らでパネル討論。

【1989年】

3月14日　東京都自然環境保全審議会委員に金子博が当選（第9期）、自然の保護と回復に関する条

▲"ツアー『柳川堀割物語』の舞台を歩く"で朝倉町の三連水車を視察（1989年）

例による市民代表。

5月26日　柳川エコツアーを第5回水郷水都全国会議への参加を兼ねて、2泊3日で実施。

5月30日　トヨタ財団1989年度市民活動助成〝市民活動の記録の作成〟を代表・宮本加寿子で申請。9月12日記録作成計画書提出、170万円の助成決定（89-K-015）。11月5日第1回企画会議、計画執行中、代表の病気入院等で中断。

9月11日　関係33団体で超党派の署名運動を展開、野川の第三調節池の建設再考を都議会へ請願。

10月22日　多摩川ウオッチング・ラリーを羽村・玉川上水で開催、終了後、清流館で第9回ミニ講座。

12月2日　『多摩川の流れ—本谷勲教授退官記念論集』本谷勲教授退官記念事業実行委員会編で刊行、メンバーの論文等を収録。

【1990年】

10月13日　第11回ミニ講座を立川駅ビル会議室で開催、特別講演・半谷（平成2年）高久都立大学名誉教授「地球・水・思う」、①石上隆宏・ロマ・プリータ地震の教訓、②本谷勲・市民科学の可能性。
【1991年】
3月30日　第12回ミニ講座を日野市生活保健センターで開催、特別講演・岡島成行読売新聞解説部次長「アメリカの環境保護運動」①神谷博・建築の生命、草笛演奏・河津哲也氏。
4月27日　第21回総会、決算報告で収入・216万1982円、支出・212万35円、年会費4000円。会長・宮本加寿子を選任。会員数53人。
7月20日　『野川を清流に』第70号、16頁、二色刷り、7500部発行、トップ記事に小町和義氏の「わがまちの水と緑⑦浅川の清流に映した少年の夢―川を檻に閉じこめていいのか」。編集企画・広告募集事務を八王子ランドマーク研究会に委託。
【1992年】
5月16日　愛知教育大学で開催された第3回日本環境教育学会で畠山重篤氏と矢間秀次郎が共同研究発表「森は海の恋人―森と海とマチを結ぶ」。
9月12日　森は海の恋人エコツアーを畠山重篤氏のご協力で実施、岩手県室根山でミズキ、ブナの植樹、気仙沼湾・唐桑半島の西舞根の牡蠣、帆立貝の水山養殖場を視察。
【1993年】
4月1日　ATT流域研究所（班）が分離、独立。
8月28日　シグロ製作・映画「あらかわ」（監督・萩原吉弘氏）の試写会を都立大学で第9回水郷水都全国会議の一環で実施、この映画の企画・製作に1991年からATT流域研究所（班）が参画。
9月18日　映画「あらかわ」ロケ地ツアーを奥秩父大滝村栃本の民宿・甲武信で監督を囲んで懇談会。
【1994年】
4月1日　みずとみどり研究会が発足。
【1995年】
3月31日　『野川を清流に』第76号（終刊号）、12頁、二色刷り、5000部発行、座談会・「都市に泉を」の原点を問う―多摩川水系・野川で市民科学の可能性を探る―を5頁分掲載。

以上

あとがき

この書は、市民環境活動の単なる記録であろうか。それとも、今後の環境保全のために次世代へ向けた投げかけであろうか。

自然と向き合い取り組んだ経験を踏まえながら、随所に環境問題を解決すべき糸口が書かれていることから、どちらか一方と言うより、両者を持ち合わせていると言って良いだろう。

今後の『市民環境科学』の実践に貴重な一冊になることは間違いない。

東京の三鷹市で育ち生活している私にとっても、国分寺崖線や野川、仙川などは身近にある武蔵野の水辺であり、その変化を感じてきた。さらに、東京の河川を始めとする水辺の変遷を研究課題としているため、水質汚濁、水辺空間の喪失、都市用水の問題などの研究・調査も行っている。また、芥川龍之介や永井荷風、田山花袋などによって書かれた文学作品から歴史的水環境の復元を行っていることもあり、人々の水辺に対する想いは敏感に伝わってくる。

そして、ＡＴＴ流域研究所の一員として、活動の一端を行っている立場では、本編の内容に市民による自然を守る取り組みの歴史を感じる。豊かな自然と環境運動に関わる有形無形の財産が苦労の上に成り立っていることが伝わってくる。

その私がＡＴＴ流域研究所に入所してから三年になる。この間、広報担当理事として、ミニコミ誌『ＡＴＴ研究情報』の編集に携わってきた。一九九三年一一月に八頁二二〇〇部で創刊され、二〇〇三年三月で三〇号を迎えて、一六頁五〇〇〇部を発行するまでになった。これもメンバーの努力と広告を掲載して下さる協賛者（団体）、執筆して下さる方々のおかげである。

三〇号のうち、三分の一にあたる一〇号分を血気盛んな若い編集長として、既成概念に捉われない冒険を試みるが、発行にまで至る過程は常に葛藤の連続。

冊子の発行に限らず、ＡＴＴ流域研究所の様々な活動を成し遂げるまでに至った苦労や成果を否定するわけではない。だが、社会情勢や環境の変化に柔軟に対応し、現在の枠組みの打破と新たなチャレンジは忘れてはいけないと考える。「分水嶺を越えて」を掲げながら、世代・分野を越えた相互理解がなかなか実現されないジレンマもある。本書には壁を打ち破るための一端も見えてくる。

本来、水を取り巻く環境はその地域の習慣、風土にあった情景があり、水辺に接する人たちは水辺を歩き、見て、感じ、その情景を心に描写してきた。この想いを胸に受け継がれた意志を共有するために、この書が役立つことを願って止まない。

一時は『ＡＴＴ研究情報』での分割掲載を考えたこの記録を、武蔵野にゆかりのある「けやき出版」で本にして頂けることを深く感謝する。

谷口　智雅

◆執筆者紹介【掲載順】

矢間 秀次郎（やざま・ひでじろう）

神崎建設（株）無垢材と漆喰の家づくり推進室長：ＡＴＴ流域研究所理事長

鍔山 英次（つばやま・えいじ）

元東京新聞写真部長：ＡＴＴ流域研究所所員

本谷　勲（もとたに・いさお）

東京農工大学名誉教授：ＡＴＴ流域研究所編集委員

平林 正夫（ひらばやし・まさお）

国立市産業振興課長：元三多摩問題調査研究会会員

赤羽 政亮（あかはね・まさあき）

元日本大学教授：元三多摩問題調査研究会編集委員

小倉 紀雄（おぐら・のりお）

東京農工大学名誉教授：ＡＴＴ流域研究所前理事長

丸井 英弘（まるい・ひでひろ）

弁護士：ＡＴＴ流域研究所副理事長

尾辻 義和（おつじ・よしかず）

（有）ミニソフト代表取締役：元三多摩問題調査研究会会員

池田 恵子（いけだ・けいこ）

主婦：元三多摩問題調査研究会会員

宮本 加寿子（みやもと・かずこ）

（株）ヤマミズ代表取締役会長：ＡＴＴ流域研究所理事

宇井　純（うい・じゅん）

沖縄大学名誉教授：ＡＴＴ流域研究所所員

谷口 智雅（たにぐち・ともまさ）

立正大学非常勤講師：ＡＴＴ流域研究所理事

●P.7写真「野川の湧水」、P.169写真「休日を憩う」は『生きている野川それから』（写真・鍔山英次　編著・若林高子　発行・創林社）より転載

●P.236のイラストは、宇井純・著『キミよ歩いて考えろ』（イラスト・千葉督太郎　発行・ポプラ社）より転載

市民環境科学の実践——東京・野川の水系運動

2003年6月6日　第1刷発行

編者　ATT流域研究所

〒184-0012 東京都小金井市中町2-5-13

TEL・FAX 042-381-7770

発行所　株式会社けやき出版

〒190-0023 東京都立川市柴崎町3-9-6

TEL 042-525-9909　FAX 042-524-7736

http://www.keyaki-s.co.jp

DTP　有限会社明文社

印刷所　株式会社平河工業社

ISBN4-87751-207-1 C0036